心理学的诡计

张跃峰　编著

成都地图出版社

图书在版编目(CIP)数据

心理学的诡计／张跃峰编著. －－成都：成都地图出版社，2019.3

ISBN 978-7-5557-1082-0

Ⅰ．①心… Ⅱ．①张… Ⅲ．①心理学－通俗读物 Ⅳ．①B84－49

中国版本图书馆 CIP 数据核字(2018)第 237883 号

心理学的诡计
XINLIXUE DE GUIJI

编　　著：张跃峰
责任编辑：王　颖
封面设计：松　雪
出版发行：成都地图出版社
地　　址：成都市龙泉驿区建设路 2 号
邮政编码：610100
电　　话：028－84884827　028－84884826(营销部)
传　　真：028－84884820
印　　刷：天津兴湘印务有限公司
开　　本：880mm×1270mm　1/32
印　　张：8
字　　数：180 千字
版　　次：2019 年 3 月第 1 版
印　　次：2019 年 3 月第 1 次印刷
定　　价：29.80 元
书　　号：ISBN 978-7-5557-1082-0

前　言

心理学是照亮人类自身的学问，是让人变得更聪明的学问。做人要懂点心理学，人际关系中许许多多的烦恼、矛盾，绝大多数是从人们不了解他人的"心"开始的。

在现实生活中，我们难免会遇到这样或那样的心理诱惑，一旦头脑发热，就会失去理智，进而掉进他人预先设置好的心理陷阱。在人际交往中，我们会受到很多心理效应潜移默化的影响，使自己的言谈举止在一定程度上出现偏差。只有利用好心理效应对我们的影响中积极的一面，才能使我们发挥自己的心理优势，并有效影响别人的心理，给我们的生活、工作带来更多的便捷与好处。在心理博弈中，我们要时刻以清醒的头脑来看待和分析事物，努力看到现象背后的心理秘密，才能够避开雷区，实现生活、事业等多方面的丰收。

生活就是一场心理较量，心理学策略在任何时候都能用得上。做人做事，一方面要靠自己的能力和诚意，另一方面还要靠一个人的心计和眼力。能够看穿别人的心理诡计，就掌握了人际交往的主动权，从而产生心理优势，避开心理误区，有效地发挥自身的影响力，使自己避免遭受损失或挫折。

人生本身就是一场心理博弈。如果想在这场心理博弈中取得胜利，需要我们凭借自己的智慧，运用心理技巧、策略，影响和控制对方的心理，让其心甘情愿地顺服于自己。

这是一本针对社会现实而写的书。书中的每个分析都深入人的心灵深处，让读者产生共鸣；书中的每个故事均能切中时弊，让读者于阅读之中学得做人做事的道理。本书的目的是要赢得"人心"，而不是改变"人性"。

在本书中，作者探索了人类共同的心理特征和思维模式，把难懂的心理学概念用一个个喜闻乐见的小故事编织起来，通俗易懂地解释了其对生活的影响，并在此基础上深刻解析了一些与生活紧密联系的心理现象。本书兼具知识性、科学性与实用性，既适用于政界、商界，也适用于家庭、职场。书中介绍的知识，会让你在实际生活与工作中更如鱼得水。

2018 年 10 月

目　录

第一章

洞悉人性，你应该了解的心理弱点和陷阱

互惠原理：没人愿意欠人情债

"怎么搞的，检查组明天就来，你怎么没有提前通知呢？"局长接了部里的电话，生气地质问办公室主任。

"我，我，我把通知……"

"都没有做准备，这事怎么办吧？"局长也不想听办公室主任的解释。

"对不起，局长，这是我的问题，我马上督促他们准备。"

……

其实，这事不能怪办公室主任。办公室主任一接到上级的检查通知，就马上把通知送往了局长办公室。当时，局长正在打电话，见他手拿通知进去，就让他把通知给搁桌子上了。

"估计是我走了以后，局长就给忘了。"办公室主任心里暗暗地想，但他没有吭声。

他马上去局长那儿找出那份通知，按照通知要求，连夜加班加点，打电话。最后，终于在检查组到来之前，准备好了所有材料，顺利通过了检查。

大家都把悬着的心放下了，事后局长决定好好培养办公室主任。

局长这么做的原因是什么呢？ 是因为办公室主任有责任

心，敢担当吗?

确实如此，但是，更为重要的原因是因为他对办公室主任产生了一种"互惠心理"。

下属替自己背了黑锅，还当众挨了自己的批评，局长的面子是有了，也维护了一个局长应有的权威，但他的心理失衡了，他觉得自己有必要弥补一下对下属的愧疚之情。

从心理上来讲，一般人都有一种互惠心理，就是说，接受了别人的帮助，就想要回报对方。比如，一个人帮了我们的忙，我们会用自己的方式回报对方。

比如，汽车销售员在帮客户介绍车时，突然拿出一条纯白的手帕，铺在顾客那台本来就想换的破烂车辆前，非常有礼貌地说："我先帮您检查一下您的车。"随即钻到车底下。过了一会儿，他边拍着沾满泥土的手帕边说："一切都好。"顾客看着他满头大汗的样子，心里不禁十分感动，同时也非常感激这位销售员的细心体贴。原本没有买车的打算，但看到这位销售员有这么好的服务精神和态度，便对他产生了信任，于是就决定买一辆新车。这就是那名汽车销售员的销售策略，靠一条因为顾客弄脏了的手帕来感动对方，换取他的感激之情来从事推销，最终使他成为一名销售精英。

心理学中有这样一个实验：有一位教授在一群素不相识的人中随机抽样，给挑选出来的人寄去了圣诞卡片。结果，他收到了大部分人的回赠。那些给他回赠卡片的人，根本就没有想到过打听一下这个陌生的教授到底是谁。他们之所以会回赠，是因为不管怎样，都不能欠别人的情，就算是自己的敌人也不行。

在第一次世界大战中，有一种德国特种兵的任务是去敌军战壕中抓得俘虏，回来取得口供。

有一个德军特种兵曾多次成功地完成了这样的任务，这次他像以前一样来到敌军战壕中。

一个落单的士兵正在吃东西，丝毫没有防备地就被控制住了。他手中还举着刚才正在吃的面包，这时，他本能地伸手，将面包递向德国兵。

这一举动让德国兵大吃一惊，结果，他没有俘虏这个敌军士兵，而是自己一个人回去了，即使他知道回去是要受处分的。

那他这样做的原因又是什么呢？

那是因为对方递送面包的这一举动唤起了他的互惠心理，他觉得自己受了对方的恩惠，就要回报对方。而那一刻，不抓他，就是对他最好的报答，于是，他就这么做了。

想想看，在你死我活的战场上，一个小小的举动就能挽救自己的性命。在职场中，我们是不是可以借用这类似的举动来打动我们的同事，以获取他们的支持和帮助呢？答案是肯定的。

哪些算是小小的恩惠呢？比如送礼给对方、请对方吃喝玩乐、帮助对方做事，甚至替对方背黑锅等。

不过，不能随便替人"背黑锅"，否则不但可能得不到你想要的感激与尊重，反而揽祸上身或者令人轻视。因此，在采取行动之前，你要权衡利弊，看看这个"黑锅"能不能背，值不值得你去背。

互惠原理认为，在接受了别人的帮助后，我们会用尽量相同的方式去回报别人。 如果有人送生日礼物给我们，在他生日时，我们会回送一件礼物。 所以，中国有个传统就是"礼尚往来"。

　　某机场，一名旅客正在休息，走来一名募捐者，突然将一朵玫瑰塞给了他。旅客本能地接过了玫瑰，但他马上反应过来，要将玫瑰还回去。可是募捐者不要玫瑰，而是提出了募捐的请求。旅客再次拒绝，但募捐者再一次回绝了他，旅客陷入了矛盾中。其实，他完全可以把玫瑰拿走，然后不掏一分钱就走开。但是他却没有这样做，而是表现得犹豫不决。最终他捐了两块钱给募捐者。之后，旅客如释重负，但他却将玫瑰扔到了垃圾桶里。

　　就这样，很多人从内心拒绝玫瑰，无奈接受后又会将它们扔到垃圾桶里。 因此，垃圾桶的玫瑰就多起来了，然而这些玫瑰不会就此埋没，因为最初的送礼者还会重新收集这些被扔掉的"垃圾"，直到它们不能再用。 这就是互惠原理的本质：即使一些礼物在某些场合不受欢迎，但它仍然有其在互惠过程中的价值。

　　互惠原理的威力在于，即使是一个陌生人，甚至是一个敌人，如果他先给我们一点小小的好处然后再提出他的请求，他就非常有可能达成自己的目的。 因此，某些人不请自来地帮我们一个忙，我们就会自然地产生还他们一个人情的想法。

　　认真思考一下，互惠原理只是说当别人主动帮助我们时，我们要主动回报他们，但我们主动要求帮助时，并没有回报的义务。 例如，某伤残军人组织报告曾证明，在募捐信中放上礼物（比如便笺、地址标签等等），收到募捐款的比率是 35%，而没有放上小礼物的信收到募捐款的比率是 18%。 当然，别人在我们的请求下帮助了我们，那么我们回报的责任就会更大，即使是别人主动帮助我们的，这种负债的感觉依然十分强烈。

那么，产生这种心理的根源是什么呢？ 我们需要从互惠原理的社会意义上寻找其根源。 其实，互惠原理的确立，目的是发展互惠关系。 如此一来，不请自来的好处一定会让接受者产生负债感。 人们的心中普遍有这样一种想法：给予和接受是一种责任，与此同时，偿还也是一种责任。

在生活中，偿还的责任不仅使我们没有办法自主选择施恩的人，还把这种权力交到了其他人的手中。 在这个过程中，因为双方的力量悬殊，施恩的人掌握着真正的选择权。 施恩者决定了怎么样给予恩惠，也决定了如何收取回报。 因此，即使是一个不请自来的好处，一旦被接受，我们也会有负债感。

事实上，即使我们接受的是不需要的帮助，也会给我们形成负债感。 无论如何，强大的互惠压力都要求我们必须回报送我们礼物的人。 虽然我们不会购买我们并不需要的商品。

认同效应：人人都想被认同

二顺是个年仅 19 岁的惯偷。他无父无母，是个孤儿，因为祖父母不要他，所以他便自暴自弃，经常出入劳教所、收容所，并且屡教不改，从收容所、劳教所出来就在大街上晃悠。

面对这样的孩子，当地的团组织、居委会屡次教育他、帮助他，给他做思想工作，鼓励他改掉坏习惯，重新做人，但他都置之不理。

派出所新调来了一位老所长，听说了这个孩子的情况后，专门派了个青年去找这个孩子谈谈。

二顺看见这个青年的时候，以为他还和以前来过的很多人一样，根本不予理睬，甚至露出一副挑衅的神态。

这个青年只当做没有看见。他坐在二顺的对面，说："我知道你心里怎么想的，你觉得自己已经成了这个样子，即使改好了，人们也会看不起你，我曾经也这样想过。我 10 岁时母亲就去世了，父亲再婚，继母就像童话故事里的后妈一样，非常恶毒。我从家里跑出来后便偷人东西骗人钱，几次进劳教所，家里人为此彻底跟我断绝了关系。直到 16 岁那年，我遇到了现在的派出所所长，他把我领回家里，让我住在他家里，跟我讲做人的道理，他还教我念书识字。在他的感化下，我变成了现在这个样子，生活过得很好。现在，我是公交公司的一名司机，半年前妻子刚刚生了一个女儿，我现在觉得非常幸福。"

二顺从刚开始的不以为意，到后来逐渐地对青年的话有了反应，不时表现出激动之情。听完青年说的这番话，二顺急忙问："你的话都是真的，是吗？我这样也能改好吗？"可见，青年的话说到了二顺的心里。

此后，二顺常常与青年一起聊天；最终，二顺改邪归正了。

青年并不是谈判劝说的专家，但他却劝说成功。 这是为什么呢？ 这是由于二顺把他当成了自己人，这就是所谓的"自己人心理"。

这在心理学上也被称之为"认同效应"，那什么是"认同效应"呢？

"认同效应"即同类人，也就是说，我也曾经像你这样做过、想过、犯过错误等等。

人们常说：要信就信自己人，要帮就帮自己人！ 对方一旦把自己当成是自己人，就会另眼相待，这就是"自己人心理"。

人人都可能有"自己人心理"，这种心理在生活中的应用相当广泛。

比如在大学生中，本专业的教师向他们介绍工作和学习的方法，学生就比较容易接受和掌握。 相反，其他专业的教师向他们介绍这些方法，接受起来就没有那么快。

听众在听演讲时，如果演讲人是他所喜欢的，那接受观点就会既快又容易，但如果他不喜欢演讲人，就会本能地加以抵制。

喜欢使人们倾向于寻找平衡，这就说明人们喜欢与自己相像的人。对影响的相似性来说，两个人必须能发现他们有相同的价值观和态度。相似的人总是会互相吸引。一个人在许多问题上与自己看法相似，我们就会对他有好感。

正如上面的例子，与二顺有着相似经历的青年，使二顺的抵触心理消失了，并由此产生了信任，最终使二顺转变成一个好人。

不难看出，社会心理中的"喜好原理"与"自己人效应"是紧密联系的。

形成"自己人心理"需要有一定的基础，例如，有过相同的经历、相同的价值观、相同的信念、相同的志向、面临过相同的问题等等。

这一条心理学原理也会被商人所利用，从而达到他们特定的目的。

最明显的一个例子就是特百惠公司的家庭聚会，就是这一原理被应用的典范。这种聚会能够发挥威力，是由于它利用了喜好原理和自己人心理进行了一些特殊安排。

尽管特百惠公司的推销员很具亲和力，然而他们不会强制每位参加聚会的女士购买产品，而真正提出这个要求的是这些女士的朋友，就是组织聚会的人。虽然她满面春风，与众人谈笑风生，不时地为大家端茶送水；可是，她会在无形之中给参会的人施加心理压力。而且，每一个人都会明确地知道，她从中会有提成。就是利用这样的心理，特百惠公司每天的销售额超过了 250 万美元。

特百惠的这种安排非常巧妙：它使自己的顾客从一个朋友

而不是一个谁也不认识的推销员那里购买这些产品。喜好原理和自己人心理都发挥了其应有的作用，从而促成了交易的达成。

在社会关系的影响下，这种策略确实是威力无穷的。因为在说服人们购买一件商品时，商品本身对人们的影响远远比不上社会关系的影响。

有趣的是，这种现象已经被一些顾客识破了。有些人不以为然，有些人却牢骚满腹，但也没有办法。虽然他们开始憎恨被邀请参加聚会，购买自己并不需要的产品；但是当面对朋友时，他们又会觉得不买不行。

当然，这种方法被越来越多的人所了解和利用。例如，越来越多的慈善机构开始招募一些义工到邻居家劝说其募捐，因为在人的潜意识中，很难拒绝自己的邻居或者朋友的请求。

其他一些善于让人顺从的行家们发现，喜好原理发挥效力不分朋友在不在场，因为只要提到朋友的名字，就会取得理想的效果。例如，有很多专门上门推销各种家居日用品的公司，会让自己的推销员采用一种"无穷链"的方法发现更多的潜在顾客。假如商品受到某一位顾客的欢迎，推销员询问他有没有其他的朋友可能会喜欢这种商品。之后，推销员就会上门拜访这些人。同时，推销员名单上的潜在顾客就会越来越多。

当然，其关键就是，推销员根据名单上的名字与顾客交谈时，他都会说"××建议我来拜访您"，如此一来就很少有人拒绝推销员，因为拒绝他就与拒绝朋友毫无差异。这个办法价值是无法估量的，因为一旦你与顾客建立起朋友关系，你的生意就已经成功了一半。

成功的人也非常看重朋友之间的友谊，这完全能够证明喜好原理的巨大影响力。 即使现在的友谊已经大不如前，那些善于让人顺从的行家们还是可以想出办法利用这一原则获利。 此时，他们用的方法是简单而直接的，即让他们获得别人的喜欢。 例如，外表的吸引力、相似性、不断地接触与合作都可以增进人们之间的感情，从而成为好朋友。

所以，在日常生活中，当你需要请求别人帮助的时候，同时为了使你得到的东西更多，也让别人更愿意跟你合作，在接触的开始，不要先把要求提出来，而是设法与之成为朋友，这也许会提高你的成功率。 事实上，这一原则被许多成功的推销员所应用。 他们通过庞大的社会关系网络来推销他们的产品、挖掘潜在客户，而打交道的方式有吃饭或者举办各种活动等。其目的只有一个，那就是复杂化双方的关系，而不是简单的买卖关系。

当然，在很多时候，你会发现，在某些方面，你跟对方并不是严格意义上的"自己人"。 不过，即便如此，你也不必发愁，你可以通过一些善意的手段，成为对方的"自己人"。

19世纪末，欧洲最杰出的艺术家之一文森特·梵高曾在博里纳日做过一段时间的牧师。

博里纳日是个产煤的矿区。这里的男人几乎都要下矿井。他们在不断发生事故的危险中干活儿，但工资却低得难以糊口。他们住的是破烂的棚屋，妻子与儿女长年累月地忍受着疾病和饥饿。

梵高在这里当牧师时，他找了峡谷的最下头的一所大房子，并和村民一起拿麻袋去装了很多煤渣，用来烧炉子，温暖整个屋子。

之后，梵高登上讲坛，开始布道。渐渐地，博里纳日人不再那么忧郁，梵高的布道受到了人们的普遍欢迎。这似乎表明，作为上帝的牧师，人们已经认可他了。

自己为什么会这么快被博里纳日人所认可呢？梵高百思不得其解。

他疑惑着回到自己住的地方。正当他准备用从布鲁塞尔带来的肥皂洗脸时，脑海中突然闪过一个念头。他对着镜子，看见前额的皱纹里、眼皮上、面颊两边和圆圆的大下巴上满是黑煤灰。

"当然！"他大声说，"我知道他们为什么认可我了，我终于成了他们的自己人了！"

他没有洗去那些煤灰，躺下就睡了。在博里纳日的日子里，他每天都往脸上涂煤灰，使博里纳日人更容易接受自己。

看来，只要用心，要想成为对方的"自己人"，其实并不是什么难事。

感情账户：每人都有感情存折

一个保险业务员到一家餐厅拜访店主，店主对保险抱着怀疑的态度。

"保险这玩意儿，根本没用。我必须等到死了之后才会领到钱，这算什么呢？"

"我不会浪费您太多的时间，您给我几分钟，我会为您讲清楚的！"

"我现在很忙，你有时间的话，可以帮忙洗洗碗盘吗？"

店主原本只是想开个玩笑，没想到年轻的保险员真的脱下西装外套，卷起袖子开始洗了，吓了老板娘一大跳，大声叫道：

"不用你来，我们真的不需要保险！所以，不管你怎么说，怎么做，我们绝不会投保的，你别在这里浪费时间了！"

但保险员依旧每天都来洗碗盘，店主都硬着心肠说：

"你再来几次也没用，你也用不着再洗了，假如你有自知之明的话，还是换一家进行推销吧！"

保险员一点都不为所动，10 天、20 天、30 天过去了。到了第 40 天，终于感动了这个原本抵触保险的店主，最后答应他投高额保险，不仅如此，他还帮这位保险员介绍了很多生意。

是什么改变了态度原本如此坚定的店主呢？

因为年轻的保险员施展了攻心术，增加了店主的心理负担，店主为了减轻自己的心理负担，最终选择妥协了。

推销员洗了几十天的碗，还没有任何报酬，店主能没有心理负担吗？是不是他洗碗的次数越多，就会越加重店主的心理负担呢？从心理学角度来讲，这样的行为会导致店主心理上"感情借贷"不平衡。

借贷通常是指财务上的收入与支出。一个企业要想维持经营，必须要保持财务借贷平衡；感情上也是这样的，付出与收获需要保持平衡，才能没有心理负担。

因此，人一般都会回应别人的付出。因为谁都不喜欢增加心理负担，即使是亲人无意识给予的。

想想，如果父母对你说："我这么拼命地工作，完全是为了你。"你肯定会不舒服，因为这些话增加了你的心理负担。

再想想，如果你感受到别人对你默默地付出，你是否也会有心理负担？

面对多次上门的推销员，你斩钉截铁地说："我不会买的，你不用再来了。"然而，他仍百折不挠地联系你，甚至屡次遭到你的拒绝之后，他仍然态度非常好："没关系，不要也没关系，这是我的工作。我只需要占用您几分钟的时间，简单做一下介绍。"

有时候，他还故意选择恶劣的天气上门，虽然你内心明知这是他们惯用的战术，但也会心存不忍："他们也挺不容易的！"

你原本并不打算购买，但慢慢地就改变了主意，掏出了钱包。

其实，推销员使用的这种战术非常实用。如果有一天，你想让对方做出较大的让步，也可以试试这种方法。

换一个角度说，让对方感觉到你为其所做出的付出，心生不安，就能让他不得不有所回应。

史蒂芬·柯维写了一本书，名字叫《高效能人士的七个习惯》，他在其中说道："在银行里开个户头，就能将闲散的资金储蓄起来，以备不时之需。存储得越多，你的财富就越富足。开个感情账户，就是把银行开在朋友的心里，你在这个朋友关系中的所作所为，相当于存入真诚关怀、超值服务。你的感情账户存入得越多，就越能增进你与朋友的感情。"

关系的长短与储蓄的多少有关。你是否有过这种经验，偶尔与多年未见的老同学相遇，还是会很亲切，毫无生疏之感，那是因为过去有感情的储蓄。

史蒂芬·柯维建议，可以将以下六种主要存款存在感情账户里：

一是了解别人。感情是以了解别人为基础的。人如其面，各有所好。同一种行为，施行于甲身上或许能增进感情，而在乙身上却不是这样。因此了解并真心接纳对方的好恶，才可能增进彼此的关系。假如你正在忙，一个六岁的孩子来打扰你，在你看来这事或许微不足道，在他看来却非常重要。此时你就得认同他的观念与价值，配合他的需要。

一般人总习惯于以己之心，度他人之腹，认为别人的想法与自己的是一样的。待人处事若以此为出发点，在得不到自己所期望的回报时，便会武断地认为是对方不知好歹，而吝于再次付出。

所谓"己所不欲，勿施于人"，从表面上看来，好像说的是不可以把自己不想做的事情施加到别人身上。 但安东尼·罗宾告诉我们，这句话的真谛在于——要想让别人了解自己，就要先认识别人。

二是注意小节。 生活中的一些小细节，如疏忽礼貌、不经意的失言等，最能消耗感情账户的存款。 在人际关系中，这些细节非常重要。

多年前的一天，麦考梅克像往常一样，带着两个儿子出门看运动比赛、吃点心，然后看一场电影。四岁的儿子西恩还没有看完电影就睡着了。散场以后，麦考梅克把他抱到车上。麦考梅克怕西恩冷，就脱下外套给他盖上，然后打道回府。

回到家，把西恩送上床，他又照顾六岁的史蒂芬睡觉。他躺在儿子身边，打算与儿子聊聊当天的趣事。

平常儿子总是兴高采烈地忙着发表意见，但此时却一言不发。麦考梅克很失望，也觉得有点不对劲。史蒂芬把头扭到了另一边。

他翻身一看，才发现史蒂芬眼中噙着泪水。麦考梅克问："孩子，怎么啦，你为什么这么伤心呢？"史蒂芬低声地问："爸，如果我也觉得冷，你会不会也脱下外套披在我身上呢？"原来，这么小小的一个动作胜过了那一晚所有的趣事，他居然吃起弟弟的醋来了。

然而，麦考梅克却铭记着这个教训，至今难忘。原来，人的内心是如此的敏感、脆弱。不分男女老少，不分贫穷富贵，即使外表再坚强的人，内心也会有脆弱的一面。

三是信守承诺。 守信是一大笔收入，背信则是庞大支出，甚至会让你入不敷出。 一次严重的失信会使人信誉扫地，很难东山再起。

为人父母，不能轻易地向子女承诺什么事。 即使不得不如此，事先一定要考虑所有可能发生的变化与状况，尽量避免食言，这样才会获得孩子们的信任。 唯有信任，才能让子女在关键时刻听从你的意见。 朋友之间的交往也是这样。

当然，往往会有一些不可预料的事情突然发生。 不过就算客观环境不允许，你依然应尽力践行诺言，知其不可为而为之，因为你必须重视诺言。 否则你也应向对方说明事情的始末，以便取得对方的谅解。

四是阐明期望。 几乎所有人际关系的问题，都是由于目标不一致，甚至互相冲突所致。 所以，不论在办公室交代工作，还是在家中分配子女做家务，一定要明确目标，避免误会的产生。

对切身相关的人，我们总会有所期待，但却不说出来。 以婚姻为例，夫妻双方都期盼对方扮演某些角色，却不开诚布公地讨论，有些人甚至自己都不明白自己的期望。 对方若不负所望，婚姻关系自然美满，反之则否。 很多问题的出现就是源于这种心理。 我们总认为，默契是自然而然就有的。

殊不知，其实不然。 因此，宁可慎乎始，在开始一段关系的时候，就要明确双方的目标，虽然需要投入较多时间精力，却可以避免一些不必要的问题，这是一种必要的储蓄。 否则，等误会发生了再来解决，往往会更浪费时间和精力。

直面问题需要很大的勇气，但船到桥头自然直。从长远看，一开始就小心谨慎远比事后后悔要好得多。

五是诚恳正直。诚恳正直是人与人交往中非常重要的存款。反之，已有的建树也会因为行为不检而被全部抹杀。一个人尽管非常善解人意、不忽视小节、守信，又不负期望，如果一旦出现了诚恳正直的问题，就会透支账户。

诚恳正直的最佳表现是背后不道人短。在人后依然保持一颗尊重之心，这样可以更好地赢得信任。假定你经常与同事在背后抨击上司，一旦彼此关系破裂，对方就会怀疑你在他背后飞短流长。你在人前甜言蜜语、人后大加挞伐的习惯，等大家都知道，就很难信任你。因此，如果有人向你发牢骚，表明对上司不满，你对他略表赞同，但建议他去找上司委婉地把问题说明白。这么做，对方便了解，假如别人对你说他的不是，你也绝不会落井下石。

再举例子来说，有些人往往会通过出卖别人赢得友谊："我本来不该告诉你的，可是既然你我是好友，那么……"这样真的能够获得朋友的真心吗？此等言行表面看来仿佛是储蓄，事实上是支出，更加暴露了自己的缺点。

诚恳正直其实并不难做到，只需要一视同仁。纵使起初并非人人都能接受这种作风，因为很多人都喜欢在人背后议论是非，不同流合污，反而会显得格格不入。好在"路遥知马力，日久见人心"，最终经得起考验的还会是诚恳坦荡的人。

六是勇于道歉。向感情银行提款时，应勇于道歉。真诚的道歉总是会赢得别人的谅解，例如："是我不对。""我对你不够尊重，十分抱歉。""刚才让你没办法下台，虽然是无心之过，但也是我错了，我真诚地向你说声对不起。"有句名言说："弱者才会残忍，唯强者懂得温柔。"不是每个人都有这种勇气，只有坚定自持、深具安全感的人才能够如此。

缺乏自信的人唯恐道歉会显得软弱，让别人看不起自己，认为还不如把过错归咎于他人。殊不知，这样将会失去更多的信任和朋友。

但也并非所有的道歉都能增加存款。由衷的歉意是存款，言不由衷的道歉就会是支出。一般人可以容忍错误，因为错误通常是无心之过，但如果蓄意伤害别人，别人是不会原谅你的。

做主原则：人人都想掌控大局

一对年轻夫妇，由于刚买了新房，经济状况不是很好。接下去，他们还得规划着购买大件家具或电器。

年底了，妻子想在丈夫年终奖发了以后把家里的电脑换了，因为家里的电脑太旧，总死机，影响工作效率。

丈夫想买套沙发，因为他是个球赛迷，无论是什么球赛，他都从不放过。他希望在看球的时候能有个舒服的沙发。

妻子知道丈夫心中的渴望。她也知道，假如提出自己的要求，丈夫也不会反对。不过，她清楚他会很遗憾，他想要个新沙发也很久了。

丈夫领了年终奖，非常高兴地回到了家里。

夫妻两个人便有了如下的对话：

"老婆，年终奖发了，你想买什么？"

"我没什么需要的。你呢？"

"不如买套沙发？"

"可以啊，这样你看球赛就会舒服多了。"

"那还需要什么呢？"

"要是钱有剩余的话，就买台电脑吧。咱家的太旧了，老死机，影响工作。"

"钱可能不够，"丈夫想了一会儿，"要不，先买电脑吧。"

"那你的沙发怎么办?"

"没事,这个不着急。先买电脑,沙发等有钱了再买呗。"

结果,妻子拥有了一台她早已相中的电脑。

看到这,你有何感悟? 这个妻子非常聪明,对吗? 表面上放弃决定权,实际上却掌握了决定权。

从表面上看,做主的是丈夫,妻子没反对他买沙发。 随后妻子提出如果条件允许再买台电脑,表明决定权还在丈夫那。 最后,妻子也没有反对丈夫买电脑。 似乎一直都是丈夫在做主,但实际上,妻子非常巧妙地达到了自己的目的。

妻子的聪明之处就在于她了解丈夫"喜欢做主"的心理,而且对这种心理加以利用。 其实,每个人都想"做主"。 因为人人都有自尊心,都渴望得到别人的认可与尊重。 或许,很多时候,决定的内容并不重要,他们只是想通过"做主"的形式来满足自己的自尊心。 也就是说,"做主"只是一种形式,关键是能否满足自尊心。 只要自尊得到了满足,决定什么内容就不是那么重要了。

这也是为什么我们常能看到一个获得别人尊重的人,往往很少提出不同的意见。

记得林肯说过:"当一个人心中充满怨恨时,他不可能会按照你的意愿行动,那些喋喋不休的妻子、喜欢骂人的父亲、爱挑剔的老板……都该了解这个道理。 你不能强迫别人同意你的意见,可是会有一些方法让他们自愿服从你。"

的确,表面上是让对方做主,实际上却能达到自己的目的。 对处于劣势的一方来说,这不失为一种好方法。 比如,家中的弱势一方、父母眼中未成年的孩子、团队的得力干将、公司经理的副手，你的位置表明了你没有决定权，而掌握决定权的人却又非常希望得到你的认可与尊重。为此，遇到什么事要做决定时，你不用因为你没有决定权而黯然神伤，你要做的是：尊重对方的决定权，提出自己的意见。你可以这样说："我觉得这件事如果能……的话，可能会更好，不过，最终还是要由你来拍板。"这样一来最终获益的还是自己。何乐而不为呢？

心理学研究发现，人们之所以会有控制欲，是由于"习得性无助"现象。"习得性无助"是指人或动物接连不断地受到挫折，对自己丧失信心，陷入一种无助的心理状态。它是一种由于学习而形成的无能为力的心理状态。据研究，动物界中普遍存在"习得性无助"，即使人作为高级动物，也不能例外。

1975 年塞里格曼（Seligman）在大学生群体中进行了"习得性无助"实验。他们把学生分为三组：让第一组学生听一种噪音，这组学生没有任何办法停止噪音。第二组学生也听这种噪音，但他们可以通过努力来停止噪音。第三组是对照，不给受试者听噪音。当受试者在各自的条件下进行一段实验之后，接着进行下一项实验：实验装置是一个"手指穿梭箱"，当受试者把手指放在穿梭箱的一侧时，就会听到一种强烈的噪音，而另一侧没有噪音。实验结果表明，在原来的实验中，有办法停止噪音的，以及未听噪音的对照组，他们在"穿梭箱"的实验中，能够学会将手指移到箱子的另一边，停止噪音。而第一组受试者，也就是说在原来的实验中无论如何都没有办法停止噪音的受试者，他们的手指仍然停留在原处，任听刺耳的噪音响下去，没有任何反应。为了证明"习得性无助"对以后的学习有消极影响，塞里格曼又做了另外一项实验：学生必须按他的要求将无序的字母排成单词，比如 ISOEN, DERRO, 可以排成NOISE 和 ORDER。学生要想完成这一任务，需要习得排列规律，即 34251。实验结果表明，有无助感的受试者几乎没有办法完成这一任务。

有很多实验都证实人会产生"习得性无助"。通常经历"习得性无助"之后，人在情感、认知和行为上会表现出消极的特殊的心理状态。比如，习得性无助让人觉得自己没有能力，最终导致他们走向失败。他们拖延工作、敷衍了事、放弃挑战；他们沮丧，并以愤怒的形式表现出来。

研究证明，个体的幸福和健康与个人控制力息息相关，剥夺了一个人的控制权和选择权相当于剥夺了他的健康和幸福。

例如，让囚犯拥有控制环境的权力——可以开关电灯，移动椅子，并且控制电视——他们的故意破坏行为就会大大减少。

给工人一些完成任务的决定权可以使他们士气高昂。

假如我们可以选择早餐吃什么、晚睡还是早起、什么时候去看电影，那我们就可能活得更久、更快乐。

我们在购物时，店员经常会使用这一心理技巧，让顾客拥有主动权，尽量去满足顾客的控制欲求。比如，微笑地面对进店的顾客，热情招呼"您好，欢迎光临！""您好，请随便看！"等以示尊重，但不要太长或说太多，给他们一个宽松的购物环境，不要让顾客感觉到一种压力；店员在做推荐时，要推荐几种商品，然后让顾客自行选择，把主动权交给顾客，满足顾客的控制欲；在试用时，一定要让顾客自己动手，店员要做个能干的助手或者咨询员。　总之，保证顾客拥有控制权，购物的体验就会变得非常愉快，下次有需要就会再来光顾。

行动原理：改变行为能改变态度

　　一个穷人家的女孩收到了一条漂亮的短裙。为了找到一件能与这条漂亮短裙相配的上衣，女孩的母亲翻箱倒柜，终于发现了一件衬衣，雪白雪白的。

　　女孩配上白衬衣，穿上新裙子，整个人焕然一新，显得既漂亮又成熟。女孩的父亲看到女儿的这副模样，既惊喜又羞愧。惊喜的是女儿的模样这么漂亮；羞愧的是让如此美丽的女儿生活在如此破旧的家中。于是，他开始打扫自己破乱的家。

　　这一行动影响了邻居们，他们也跟着打扫自己的房屋。于是，村庄里，一家影响另一家，最后，每一家都打扫得干干净净，整个村庄都因此变得富有生气。

另一个故事与之很相似：

　　丹尼斯·狄德罗是 18 世纪法国的一名哲学家。一天，朋友送他一件质地精良、做工考究、图案高雅的酒红色睡袍。狄德罗非常喜欢，但总觉得家里的家具配不上这件华贵的睡袍，地毯的针脚也粗得吓人。为了与睡袍配套，狄德罗将家里的东西都换了一遍，于是，整个家也跟上了睡袍的档次。

其实，在生活中，这样的事情还有很多：

一个望子成龙的母亲，给孩子买了一个漂亮的小书架，孩子为了填满整个书架，经常买书，后来，孩子看了很多书，并且因此爱上了写作，长大后成了一名作家。

一对正在闹矛盾的夫妻，将家里许多旧东西换成了新的，还住进了新房，两人都感觉应该以崭新的姿态去面对生活，最后，两个人冰释前嫌和好如初。

一家工厂，由于车间环境非常差，设备也很陈旧，工人们的工作积极性也很差。有一天，工厂购进了最先进的流水线，并增加了车间的亮度，随之，工人的态度发生了变化，也大大地提高了生产效率。

……

美国哈佛大学经济学家朱丽叶·施罗尔将这些现象称为"狄德罗效应"，亦称作"配套效应"。就是说，人们在拥有了一件新的物品后，会不断地买进其他物品与之相适应，以达到心理平衡。

因为这种心理的存在，一个人自我转化的内在动机往往是一件小小的物品、一个小小的改变，使其主动实现自我转化，从而获得良性发展。

"态度—依从—行为"法则是"狄德罗效应"产生的根本原因：态度会影响行为，行为在一些时候也会决定态度。因此，改变自己的一个切入点就是立刻去行动，行为的改变会导致整个人生的改变。

人们通常认为，人是先有想法，然后再去行动，而心理学家们却不以为然，他们发现有时候是行为改变态度。美国著名心理学家詹姆斯说："因为发抖，所以怕；因为动手打架，所以生气；因为我们哭，所以才愁——而并不是因为怕才发抖，生气了才打架，愁了才哭。"这个观点告诉我们，我们的态度会随行为与身体的变化而改变。此后，一些心理学家用实验证明了这个观点。例如，艾克曼是美国的一名心理学家，他的最新实验表明，一个人如果总是想象自己感受某种情绪，那么他真的会经历这种情绪。一个故意装作愤怒的实验者，由于"角色"的影响，他的体温会上升，脉搏会加快。

詹姆斯依据"态度—依从—行为"这一法则，提出建议："想要养成某种习惯，那就得去付诸行动；想不要养成某种习惯，那就得避而远之；想要改变一个人的习惯，就要将注意力放在其他方面。"

比如说，多年来，政府一直强调使用汽车安全带的重要性（态度），但收效却不大，后来制定了法律，不系安全带视为违法，交警也增加了监管的力度。人们虽然有点意见，但还是系上了安全带（被迫行动）。过了一段时间，交警放松了监管力度，人们还是自觉系上安全带（行为），觉得这项规章制度很好，能保护人身安全（态度）。

就好像我们平时去商店闲逛，收到了免费赠送的沐浴液试用包（行动），当我们试用之后觉得它不错（行为），就开始了对它的关注（兴趣／欲望），下次去商场的时候会首先购买这个牌子的沐浴露（态度）。因此，促销活动往往更倾向于采取营销计划直接对消费者行为产生冲击，从而改变消费者的态度。

在这里，我们可以看到，将一个行为长期坚持下来（无论是自愿的还是被迫的），逐渐产生兴趣，可以促进态度的转化。

但是，在企业管理中，管理者经常会误认为"态度决定行为"。 特别是在企业流程和人力资源管理方面，这一误解普遍存在。 例如，在新品上市的时候，总是先进行内部动员，希望销售部门能够理解新品成功上市对公司的重大意义。 再比如说，对那些态度不怎么好但能力比较强的员工，总是要首先让他们端正对工作的态度，再考核他们的绩效。

　　这一做法是没有科学依据的。 正确的做法是：新品上市就直接制定出清晰简明可执行的上市方案到销售部门，硬性要求销售部门必须按照要求执行；对能力较强、态度一般的员工，不用一味地强调转变工作态度，而是直接对工作量化并做出绩效考核。 通过一段时间的行为规范，态度自然会有变化。

自尊原理：每个人都想提升自己的自尊

麦哈尼是一位制造石油业所使用的特殊工具的商人。

一次，他接受了长岛一位重要客户佐佐木的一批订单。在佐佐木批准了蓝图后，他便开始制造工具了。可没过多久，佐佐木打电话告知他，他对之前的蓝图不满意，不愿意接受已经制作出来的工具。

原来，佐佐木和朋友们谈起这件事，他的朋友说蓝图有很多问题，并将问题指了出来，不是太宽了，就是太短了，总之，他们觉得佐佐木上当了。

麦哈尼感到很奇怪，他曾仔细地查验过了，他确信自己没有做错什么。

不过他明白，假如直接跟客户这么说，无异于在指责客户"错误在你自己"，这样，只会让气头上的客户失去理智。因此，他没有作任何辩解，只是约了佐佐木在他的办公室见面。

麦哈尼刚跨进办公室，佐佐木就激动地向他走了过来，一面说一面挥舞着拳头，指责他没有诚信，情绪非常激动。

看着佐佐木在眼前挥舞着拳头，听着佐佐木的抱怨，麦哈尼忍住了想要跟他争论的冲动。

佐佐木将怒气发泄了出来，心里舒服了一些，"好吧，你现在要怎么办？"他问。

"当然是听你的。你是花钱买东西的人，当然应该得到合你意的东西。可是总得有人负责才行。你可以按照自己的想法让我制造一幅蓝图，虽然旧方案已经花了两千块钱，但我们愿意承担这笔损失，目的是为了使你满意。但是，我得先提醒你，你要对你自己的做法负责。但如果你放手让我们照原计划进行——我相信原计划才是对的——就由我们来负责。"麦哈尼心平气和地答道。

"好吧，照原计划进行，但若是错了，上天保佑你吧。"佐佐木恢复了平静。

结果没有错，于是佐佐木告诉麦哈尼，要继续跟他合作。

不用说，麦哈尼的做法是正确的。试想，假如他与佐佐木争论，两人肯定会争辩起来，如果双方感情因此破裂，最终闹上法庭，即使麦哈尼胜诉，也会有所损失，至少会损失一位重要的客户。

你知道不知道，为什么在理发店刮脸前，理发师傅要先在客人脸上涂上肥皂沫？那是为了让客人感到舒服，不会受伤，对不对？

因此，与人交往，避免指责，也是这样的原因。如果直接指出某人的不对，只会伤害别人的自尊心，不仅得不到预期的效果，自己也会损失一笔生意或者一位合作伙伴。

维持自尊是人的基本需求之一。每个人都有基本的自尊需求，当我们遭遇威胁性的拒绝时，自尊指示灯会发出警告，驱使我们改变当前的状态。自尊是我们对自己的评价，并由此获得自我价值的满足感。 自尊强有力地影响着人们的期望、行动以及对自己和他人的评价。

根据不同的自尊程度，可分为高自尊的人和低自尊的人。高自尊的人愿意检验他们对自己的推断的有效性。 高自尊的人非常认可自我（肯定自己的整体价值），他们更愿意包容其他人，特别是那些跟他们有不同意见的人，并且一般具有令人满意的人际关系。 高自尊的人期望把事情做好，他们会更加努力尝试，更容易取得成功。 他们倾向于把成功归因于自己的能力。 因此，高自尊的人非常自信，也很有自知之明。 而低自尊的人不太愿意检验他们对自己的推断，并且不相信自我价值。 他们往往很消极——尤其当任务充满挑战的时候。 因此，他们很难取得成功。 通常低自尊的人对人际关系、社会过分敏感，他们经常抱怨社会的不公平，所以常常使自己变得孤立。 同时，这种孤立感使得低自尊的人的自尊感进一步降低，因此形成恶性循环。 低自尊的人会抗拒变化，因为低自尊的人觉得变化总是不好的。

自尊感是可以改变的。 判断人和人关系的好坏的一个重要标志就是双方的自尊有没有得到提升。 在人际交往中，越受到肯定，自尊感就会越高，人际关系也就越稳定。 低自尊的出现通常跟负面的人际关系相关。 当你年纪小的时候，假如经常受到周围人的批评，你就会觉得自己是一个很糟的人。 相反，假如你经常受到周围人的夸奖，你就会认为自己是一个很棒的人。 长大之后，自尊就会稳定成型。 就拿长相来说，即使你长得还不错，然而经常被别人嘲笑长得难看，你就会觉得自己真的很丑。 即使你长得不好看，但经常被别人夸奖，你还是会觉得自己长得很不错。

但是，我们在日常生活中，指责声似乎随处可见，它不但影响了人际关系的和谐，而且降低了对方的自尊感。

你伤害了对方的自尊，对方就会想方设法使你的自尊感降低。相反，如果你能够帮助对方提升自尊，对方也会同样帮助你。

吴起是战国时期名将，他在训练军队时，对士兵极其尊重，总是和士兵同甘共苦。士兵中有患烂疮的，吴起亲吮疮毒。这个士兵的母亲知道后，大哭不已，邻人问她："将军这么关心你儿子，你怎么还哭呢？"士兵的母亲说："前年吴公为孩子父亲吮过疮，他父亲在作战中只是往前，不知后退，结果战死。吴公今又吮我儿，我儿命不久矣。我才哭哩！"吴起大将的名声就这样广为人知。

期望效应：每个人的期望能通过自己实现

　　小文初到北方某城市打工，没有找到工作，所以经济条件非常差。

　　冬天到了，天气非常冷，小文去旧货市场买了一台二手电热油汀取暖器。可是没用两天，油汀就坏了。

　　没办法，小文将油汀送到了修理站。

　　修理工检查了很久，也没有修好，他说："这玩意儿太旧了，线路、开关都烧坏了，我修不好。"

　　"你这么快就知道问题的根源所在了，一看就很有经验，肯定能修好。"小文满怀希望地对修理工说。

　　修理工站起身来，看着破烂不堪的油汀，好久都没有说话。

　　"真的，从你的动作，就知道你的手艺非常高超。"小文又给修理工注射了一支强心剂。

　　一连被人这么称赞，修理工便觉得有点不好意思了。

　　"我尽量给你想办法吧！"他说完，蹲下身，继续研究那个从里到外都锈住了的油汀。

　　最终，他把油汀修好了。

　　有人说过：如果一个人以赞美的方式说出自己对对方的期待，那他的期待很有可能会实现。如果你想要某个人拥有某一方面的才能与特质，你就要当作他已经具备了这样的才能与特质，并且夸奖他。

人的潜力是无限的，然而，在很多时候，人们又是自卑的。人们总是担心自己的能力不足，害怕失败，即使自己有能力做好这件事，也不敢轻易承诺。这时候，他需要的就是鼓励，支持和信任就是他最好的强心剂。

就像那位修理工，起先他并不相信自己能修好破旧的油汀，但小文一个劲地夸奖他，说他有经验，是修理电器的高手。这样一来，修理工也会认为自己可以修好这个油汀。于是，他不再怀疑自己的能力，即使知道这活会耗费他很多时间，也不能从中挣多少钱，他也会尽自己最大的努力。

心理学上有两个观点，可以让我们相信"期望对方做什么，就赞扬他什么"这个道理。

一是心理学家发现每个人都有"自我服务偏见"，这是说大部分人都自我感觉良好，认为自己高于平均值。曾经有一个全国性的调查：在一个百分制的量表上，你会给自己的道德和价值打多少分？有一半的人给自己打了90分或者90分以上，只有11%的人给自己打分在74分或74分以下。另一项调查也表明，大部分的司机，即使出过小型车祸，都觉得自己的驾驶技术非常好。心理学家罗斯和西科利发现，加拿大已婚的年轻人一般会认为，他们比自己的另一半承担了更多的家庭责任。正是由于这些"自我服务偏见"的广泛存在，我们对于每一个人都要给予更高的评价、更多的赞美。假如你对他的评价和赞美没有达到平均值，就相当于贬低他。

"自我服务偏见"被进一步证实是在"归因理论"提出后。所谓归因理论，就是指观察者为了预测和评价人们的行为、控制环境，而对自己或他人的行为过程所进行的因果解释和推论。归因一般分为内部归因和外部归因两种情况。其中，内部归因是指个体自身所具有的、导致其行为表现的品质和特征，包括个体的情绪、人格、欲求、能力、努力、心境、动机等；外部归因是指不是个体自身所具有的、导致其行为表现的条件和影响，包括环境条件、情境特征、他人的影响等。人们往往会将成功归因为内部，如能力或努力，而把失败归因于外部因素，如运气等，这正是自我服务偏见。个人将成功归因于能力和努力等内部因素时，他会感到骄傲、满意、信心十足，而如果将成功归因于外部，产生的满意感则较少。相反，如果一个人将失败归因于缺乏能力或努力，则会产生愧疚，而如果将失败归因于外部时，产生的愧疚则较少。

二是期望效应。R·罗森塔尔博士是美国著名的心理学家，他曾经在加州一所学校做过一个实验：新学期伊始，他将三位教师请到校长办公室，告知他们是经过严格挑选出来的本校最优秀的老师，希望他们能好好工作。一年之后，这三个班的学生成绩是整个学区中最优秀的，远远好于其他班。这时校长才告知大家，这二个班的学生并非刻意挑选的，三位老师也是随机挑选的。事隔不久，R·罗森塔尔在班级环境下又做了另一个实验，这次的受试者是小学一至六年级学生。罗森塔尔进行了一场智力测试，然后随机在各班抽取20%的学生，告诉大家，这些学生聪明过人，将来肯定会有出色的成就。八个月后，再次对全体学生进行与上次相同的测验，结果发现被抽出的20%的学生学业成绩进步很明显。

以上就是著名的罗森塔尔效应实验。教师对自己的能力以及学生对自己能力的相信和对学习成绩的良好期望，最终会导致学生产生相应的变化叫作期望效应，还有人称之为"皮格马利翁效应"。"皮格马利翁"来自于英国剧作家 G·B·萧伯纳的剧作。古代塞浦路斯的一位善于牙雕的国王名叫皮格马利翁。这位国王倾注了自己全部的热情和期望，雕塑了一尊美少女塑像。在他的感情投入下，美少女塑像竟然活了起来。

在罗森塔尔实验中，实验者暗示教师和学生拥有进步的能力，教师对自己和学生抱有期望，并且在无形之中也给学生以信心，增加了他们的自信心，使他们刻苦努力，最终将期望变为现实。

鉴于此，我们在人际关系中可以运用这一期望效应。"期望对方做什么，就赞扬他什么"，这是非常实用的一句话。

比较宽泛的言辞不会取得想要的效果。上司总是给下属"很好""不错""棒极了"等泛泛的鼓励、褒奖，不会影响下属的任何行为和态度。

如果你期望你的下属拥有某方面的品行或才能，即使他没有，你也不用气馁，你不妨公开地假设或宣称他具备你所希望他拥的某种品德或才能。

如果你希望对方有创意，不妨说"我相信你的创意，这个文案就靠你了"。

如果你希望对方能更快地胜任领导工作，不妨说"你的领导才能是毋庸置疑的，我相信在你的带领下，你们的团队一定会获得成功的"。

如果你希望对方具有非凡的协调能力，不妨说"我知道你有着不错的协调能力，你完全可以全权负责这一项目"。

你大可给他们一顶高帽子，给他们一个好名声，然后看着他们朝着这个方向改变。

　　当他们取得期望的效果时，你更要大力地表扬他们，告诉他们：

　　"我没看走眼，这个创意非常棒。"

　　"我很高兴，你的领导能力非常强。"

　　"你的协调能力超出了我的想象，完全可以独当一面了。"

重要效应：人人都想受人瞩目

"小孙，帮我翻译翻译这个稿子吧。这礼拜就要！"一位科长向他隔壁部门的一位职员说道。

"以前都是小王帮我翻译，他效率高，英语也好，可惜他现在出差了。你们部门的小张也不错，但他挺忙的。"科长补充道。

"这礼拜？我恐怕要跟您说声抱歉。我手头也有不少事情要做呢，可能没时间为您翻译，小王马上就回来了，我看根本不用找我嘛！"

"啊，这样啊，那好吧！"

我们再来看下面这个故事。

一位富商要修建一座办公楼，但在资金上还缺300万美元，很多银行都不愿意给他贷这笔款。

在所剩的钱仅够再花一个星期的时候，他与银行的一名主管吃饭，席间，他非常直接地对银行主管说：

"我还需要贷300万元的款，明天就要。"

"你一定在开玩笑，这样的事我们从来没有办过。"银行主管答道。

"我认识那么多银行负责人，想了想，觉得除了你，谁也办不好这件事。"富商很诚恳地说道。

银行主管听后，一愣，然后微微一笑，说："这个要求真的太高了，不过，我可以试一试。"

结果，第二天，这个富商果真拿到了预期的贷款。

同样是求人办事，一个是不会说话，不知将心比心，事情原本简单又容易，却没办成；一个因为了解他人的心理，进而以心攻心，结果那么难办的事也成功了。

在第一个故事中，事情非常简单，小孙却予以回绝，想想看，他真的挤不出一点时间吗？多半不是这个原因，而是科长的话伤了他的自尊心。因为，那个傻科长要请小孙帮忙，却一口一个小王好、小张不错。难免小孙会想，既然他们都不错，那就用不着我呗。

在第二个故事中，事情那么难办，银行主管却给办好了。这是什么原因呢？

道理很简单，因为"除了你，谁也办不好这件事"这句话满足了银行主管的虚荣心。人人都有自尊心、虚荣心，人人都想要获得别人的认同，都希望自己是"唯一的""特别的"。诸如此类的"唯有你能"或"除了你，谁也不能"等字眼，常常会让人觉得很受用，让人的虚荣心得到极大的满足。因为这种错觉，间接地激发一个人的自尊心，满足其虚荣心。虽然明知那是拍马屁，却仍然让人身心舒畅。这也是为什么银行主管会竭尽全力地发挥自己的最大能量，最终办成了原本认为不可能的事。

在日常生活中，假如想要自己的观点被别人接受，并且让别人按照自己的意愿办事，不妨大方地使用这样的字眼。

比如，分派下属一项重大任务，你可以特别强调一下任务的艰巨性，说："我想来想去，也只有你可以担此重任。"强调"非他莫属"。

让家人去做一件烦心的家务事，你可以强调一下做家务的重要性，说："干这个活，你最拿手！"强调他的不可替代。

请求他人为你解决棘手问题的时候，也可以强调对方有多么重要，说："除了你，谁都干不成这件事！"

请相信，这样的光环没有人能拒绝，他们因此能够特别为你办事，帮你办成"特别"的事。

一旦你把这种认识固化在你的头脑里，时时谨记，你将获得不可思议的洞察力，清楚地了解到人们为什么要做他们正在做的事。

人们不在乎你知道多少，却非常在意你对他们了解多少。当他们知道你关心他们时，他们对你的感觉也就发生变化了。因此，你要让别人知道，对你而言，他或她是重要人物。人们如果得到理解和信任，人人都能成为重要人物。如果他们获得了你的信任，他们真的就能成为重要人物，使你顺利达到自己的目的。对你而言，人人都有成为重要人物的潜质，而他们需要的只是来自你的信任和鼓舞，从而激发他们的潜力。

永远记住，不要显摆自己的重要性，而要让他人高看他们自己。相信他们，他们就会开始正确地做事。

焦点效应：人人都想以自己为中心

基洛维奇是一名著名的心理学家，他曾经做过这样一项实验，他们让康奈尔大学的学生穿上某名牌 T 恤，然后走进教室，让这名学生自己估计会有多少人注意到他的 T 恤，他觉得会有大约一半的同学。但是，出乎他的意料，只有 23% 的人注意到了这一点。这个实验说明，我们经常以为别人在注意自己，但实际上并非如此。由此可见，我们对自我的感觉的确占据了我们世界中的重要位置，我们将别人对我们的关注程度放大了，其实并没有那么多人注意到我们。

这就是心理学中的焦点效应。人们都会将自己当成中心，而且高估了外界对自己的关注，这是心理学中所公认的一个事实——人都是以自我为中心的。其实，这也是生活中常见的现象。

比如说，同学聚会时拿出集体照片，大家都会先找自己，的确每个人也都在照片中首先找到了自己。又比如说，朋友之间聊天，大家会很自然地将话题引到自己身上来，而且，大家都希望被别人所关注，被众人所评论。这就是焦点效应在生活中的体现。

焦点效应意味着人类往往会把自己看作一切事物的中心，这常常会使我们高估自己的受关注程度。和初次见面的人一起用餐，你不小心把酒杯打翻，或者不小心将菜撒到了外面，该送到嘴里的菜意外地掉在桌上，此时，你是否会觉得非常尴尬？认为大家都在笑话你？可能很多人都会有这样的感觉，即使不那么强烈也会觉得不好意思，然后变得非常小心。 这是很正常的表现，大家都希望能给别人留下一个好印象。 有个朋友每次出门前都要花好长的时间在挑选衣服上，她觉得她一走出去，所有人都会看她，因此一定要把自己打扮得漂漂亮亮的。 其实，这些紧张都是没有必要的。 有实验表明，其实我们（不是公众人物的情况下）并不是那么受人关注。 没有人会注意到你夹的菜掉到了地上，即使看到了，人们也是不假思索地就过去了，根本不会放在心上。

很多时候，都是我们对自己过分关注，以至于认为别人也是这样关注着自己。 这是一种自我焦点效应在作怪，总觉得自己是人们视线的焦点，大家都在看着自己，这样就会让人产生社交恐惧。

社交恐惧者总是会觉得自己是大家关注的中心。 社交恐惧者会高估自己的社交失误和公众心理疏忽的明显度。 假如我们不小心碰倒了杯子，或者自己是宴会上唯一一个没有为主人准备礼物的客人，就会觉得非常尴尬。 但是研究发现，我们所受的折磨，别人不太可能会注意到，即使注意到也可能很快会忘记。 没有人会像我们自己一样关注我们。 因此，正确理解焦点效应有助于消除社交恐惧。

正是因为每个人都有焦点效应，所以销售员常常会利用这一点。

业务员的主要任务是推销产品。 大多数的推销员一进门就对客户说"我们的产品怎么怎么样""我们的产品有什么优点"等。 其实，没有人愿意听他们这样啰唆，谁也不愿意听关于别人的事，特别是对于陌生人，没有人会想这样白白地浪费时间。

但是，恰恰相反，客户更愿意去听关于自己的事。

　　一个业务员走进了客户王总的办公室。王总正在忙，他静静地坐了下来，观察了一下客户的办公室。客户的后面是一个书柜，桌子上有一张王总穿着博士服的照片，照片一侧竖写了四个大字"大展宏图"，看起来照片是精心装裱过的。

　　王总忙完了以后，业务员对他说："王总，您是博士毕业啊？读的哪所大学啊？您是博士又掌管着这么大的一个公司，可真是事业有成呢，这样的人可不多见呀！"客户一听，立刻哈哈大笑："你过奖啦，这是我以前在读……"客户兴致勃勃地讲起了自己的事。

　　客户谈了一会儿，就主动切入正题，谈起了产品。但是，当报价的时候，客户又沉默了。业务员很快反应过来，说："王总，照片上的字是您写的吧，真有气势，您的书法肯定也相当了得呢！"

　　王总接过话来："过奖了……我以前……"

　　最后，这笔生意很顺利地谈成了。

一开始，业务员具有针对性的一句话很快拉近了他与王总的距离，在冷场的时候，业务员再次利用心理学中的焦点效应，让王总成为焦点。客户也喜欢谈自己的事，试想，如果一开始业务员滔滔不绝地谈自己的产品，这笔生意能这么简单达成吗？

焦点效应不仅能够用于销售，我们也可以将它应用在生活中。

例如，追女孩子。 当你看到一个漂亮的女孩子，你想结识她，套个电话、QQ 什么的，利用焦点效应，肯定不会让你空手而归。 你可以上前说"小姐，你这衣服真漂亮，在哪买的呀？ 我也想给我妹妹买一件"。 当然，也不局限于衣服，提包、鞋子、钱包、手机、手链等都可以，让她知道你在关注她，这样，她的联系方式马上就可以到手了。 如果你说"我没有听说过这个地方呀，可不可以请你帮忙？"没有人会轻易拒绝你，她的联系方式就到手了。

每个人都希望成为外界关注的焦点，这样你会快速领会对方的目的，打破对方的心理防线，表现出你对他的关注，使对方放松戒备。

第二章

玩转心理，掌控人就要掌控心

滴水穿石，以柔克刚

　　这几天，林琳的老公总是与她吵架。于是，她向闺蜜哭诉道："我和他刚认识的时候，只是觉得他的脾气不好。独生子女嘛，多少都有些脾气，这我理解。可是直到现在才发现，他脾气太暴躁了，他做事情做错了，我总喜欢骂他两句。可他倒好，不听也就算了，还对我发脾气。每次他发脾气的时候，我也控制不住自己的脾气，就吵起来了。其实，和他吵架也只是想着用强硬的方式压一压他的锐气，以免他日后更嚣张。但最后往往是两败俱伤，矛盾也越来越大，我真的是无计可施了。"

　　林琳为什么会处于这样一种境地呢？这是因为对于像她老公这类脾气暴躁的人而言，她所运用的方法不够恰当：总觉得自己和他相处的时候，要以暴制暴；总以为自己不怕和他吵架，更不怕闹矛盾，便在他暴躁脾气发作的时候，和其大吼大叫，想以此压压他的锐气。

　　事实上，对于那些脾气暴躁的人，你越是想以暴制暴，用强硬的方法和他们相处，他们的暴躁脾气越会发作。因为脾气暴躁的人，性格往往会很冲动。当你用强硬的说话方式或者相处方法与其交流或者相处的时候，会更容易让他们变得急躁起来，进而暴躁。他们对你就不会像开始那般友好，更不要说想掌控他们了。

　　那么，我们要怎么与脾气暴躁的人更好地相处呢？对此，心理学认为：脾气暴躁的人特别反感别人的态度强硬，因为他们性格中本身就带着强硬，所以并不畏惧这个。但是，他们却不知道怎么应付温柔的东西。这就告诉我们，对于这类人不妨来点温柔之术——以柔克刚。

滴水穿石的现象形象地反映了心理学的一个道理：一块厚重的石头，放到地面上，用厚重的铁锤去敲，不见得会打穿它，但一滴轻柔的水滴，经过长时间坚持不懈地努力，却能将其洞穿。这便是柔的力量。

我们应该怎样对待性格暴躁的人呢？其实，以柔克刚就是一个很好的方法。但要真正做到以柔克刚，还要掌握具体的方法，才能事半功倍，更容易地达到自己的目的。现将一些具体的方法介绍如下：

1. 好言好语的态度不失为一种"柔"的策略

生活及工作中，当我们向别人述说事情或者分析道理时，难免会有人与我们意见不同……假如你遇到的人脾气暴躁，那么你在和他说事情，以及讲观点的时候，就要格外用心了。对这些人来说，你的语气稍稍硬一点，或者说话的声音稍稍大一点，都有可能引发他们的暴躁脾气，使你没办法顺利完成自己的任务。

假如你有耐心，温和地跟他们交谈，相信他们就是感到有些不耐烦，甚至想要发脾气，也会碍于你的好言好语的态度，控制自己的脾气。而此时，你的任务也会很容易完成。

2. 在对方暴躁脾气上来的时候，不要顶风而上

生活中，有些人与脾气不好的人发生争吵时，不仅不会避

风头，反而会顶风而上，这样就会越吵越激烈。

这样做的人非常不明智。 因为对于那些脾气暴躁的人而言，当他们的脾气发作时，最好的办法就是控制住你自己的情绪。 要知道，他们的脾气已经失去控制了。 如果你也控制不住，那矛盾就会升级，交流就会无果而终，到这时你就更加没法掌控对方、驾驭对方了。

与其这样，还不如等他们冷静了，再心平气和地与之进行交流。 相信再暴躁的人，对于你的包容，都会产生几分愧疚之心，控制自己的情绪，而你也掌握了驾驭他的有效方法。

脾气暴躁的人不能接受别人比他们还要强势。 因为他们性格中本身就带着强硬，并不畏惧这个。 相反，他们对温柔的东西，却会显得无所适从。 这就告诉人们，以柔对待脾气暴躁的人不失为一种好方法。

利用愧疚心理，巧提要求

詹宁是一名保险推销员，他经历过这样的事：那一年，他们公司发现了一位很有潜力的客户，但他拒绝了好几个推销员的游说。后来，詹宁负责去推销，经过仔细思考，他没有用惯用的方法，而是换了一种推销方式，征服了这名客户，将保险推销了出去。在日后的推销中，他对这种方法的应用得心应手。詹宁的做法如下：

詹宁："您好！我是健康保险公司的推销员，您有购买保险的意愿吗？"

潜在客户："没有。"

詹宁："那您对保险知识有兴趣吗？"

潜在客户："对不起，我没有时间。"

詹宁："我只需要占用您几分钟的时间。您不想用几分钟的时间了解一下您不知道的事情吗？"

潜在客户："那好吧……"

于是，詹宁开始了讲解："保险……"结果，詹宁向潜在客户讲授了很多保险知识，如，买保险的益处，买保险的手续。最后，他说："我希望我的讲解会对您有所帮助。如果您还有什么不明白或者不了解的地方，您可以打我的电话，我的电话是……"一个星期后，这名潜在客户主动打电话对詹宁说："我需要一份保险。"

其实，詹宁的聪明之处在于：面对有排斥心理的客户时，他懂得运用心理学中的留面子效应为自己的目的服务。 所谓留面子效应，简单地说就是：在让别人了解自己的目的前，先向别人提出一个大的要求，待别人拒绝之后，再提出自己真正的比较小的要求来，这样就会增加成功的可能性。

著名心理学研究者查尔迪尼在 1975 年曾做过这样的实验来验证这个策略的效果：他让相关人员进行募捐，共分为两个募捐小组，并用不同的方式进行。 第一个小组在动员大家募捐的同时会说上一句："哪怕你捐出一分钱也好，这也是为慈善事业贡献自己的力量。"第二个小组则只是要求大家为慈善机构捐款。 最终的结果是，第一个小组的捐款额远远超出了第二个小组。

我们可以从实验中得出，先提出一个请求，然后再提出一个小的请求，往往比直接提出请求更易于让人接受。 那么，这个方法为什么能发挥作用呢？ 这是因为，当你提出一个较大的要求时，别人会本能地拒绝你，而一旦他们拒绝了你，则往往会有一点愧疚之情。 这时，当你再提出另外一个相对小的请求时，对方就会碍于面子，不会直接拒绝你。 于是，便退而求其次地接受了你的请求。

此外，当你先提出一个过分的大的请求，再提出你真正的要求时，会给对方造成一个这样的假象：你后来提出的这个请求是很小的，而如果自己对于微不足道以及不值得拒绝的请求再拒绝，就好像太不近人情，太不符合常理了。 于是，他的心理防线就会被击破。

了解了这些，在驾驭他人、掌控他人的时候，就可以加以灵活运用。 也就是说，当你在驾驭对方的时候，假如知道对方不会同意，则要学会用上点留面子效应：先提出一个过分点的请求，再将自己的真实意图亮出来。 其具体方法以及注意事项如下：

1. 两个请求要形成鲜明的对比

我们都经历过这样的事情：在街上，当有人直接向你索要20元钱遭到你拒绝，再次索要18元的时候，你依然会继续拒绝。但是，如果对方直接向你索要100元之后，再向你索要18元，你会发现自己会毫不犹豫地给对方。

这便告诉我们，面对不会同意你的要求的人时，即使用提出点过分请求的方法去刺激对方，也要善于形成鲜明的对比。这样，对方觉得后一个要求相比于前一个来说特别微不足道，进而产生巨大的心理变化，也会答应你的要求。

2. 第二个要求一定要小于第一个要求

在面对有可能拒绝你的人时，用提出点过分请求的方法更易于掌控对方、驾驭对方，但在掌控的时候，也要有所注意：第二个请求一定要小于第一个请求，如此才能使对方答应你的请求，接受你的想法。例如，你要向朋友借钱，假如你一下子说借2000元，朋友多半会碍于各种因素，毫不犹豫地拒绝你。你退一步说"借500块也行"，朋友多半会感到这种变化以及你所作出的让步，将钱借给你。相反，倘若你一下子提出借500，即使借到了钱，可能对方也不是那么心甘情愿。

当你提出的要求有点大时，别人会本能地拒绝你。而他们拒绝了你的时候，又会带着几分愧疚的心理。这时，当你降低要求，对方即使不想接受，也会碍于给你给自己留面子，不好意思直接拒绝。于是，就会接受你的请求。而当一个人接受了你的请求的时候，你也便掌控了他。

满足对方的虚荣心

　　大王在企业里是部门负责人，经常要和客户打交道。一次，公司遇上一位爱慕虚荣的大客户。老板决定让大王去接待对方，且要求一定拿下这个项目。

　　同事们都不看好大王，可令大家没想到的是，大王仅用了两天的时间，就将合同拿到手了。同事向大王请教成功的秘诀："很简单，他不是爱慕虚荣吗？那我就让他体会到赢的滋味，满足他的虚荣心。例如，在喝酒的时候，假装把自己灌醉了；猜拳的时候，与其赢对方几拳，不如主动输几拳；打麻将的时候也让他赢……第二天见面的时候，再说上两句，你的酒量真是大，昨天可把我喝多了；你的拳术真是高，很难猜透；你麻将打得可真是好，我根本不是您的对手……想想啊，他虚荣心强，让他体会这种虚荣心带来的满足感。他还能不高兴，不愉悦？而一旦对方高兴、愉悦，那项目不就拿下了吗？"

大王的话没错，当你和那些爱慕虚荣的人打交道的时候，与其跟他们浪费口水，或者说服他们去做什么，还不如找个合适的机会，投其所好，这样反而更容易驾驭对方。

我们为什么要让那些爱慕虚荣的人赢呢？是因为让他们赢，在一定程度上，能够让其品尝到胜利的滋味，满足他们的虚荣心。 而多数爱慕虚荣的人一旦虚荣心理得到满足，便会产生愉悦的心情。 当人处于高兴、愉悦的状态中时，往往对周围人提出的信息更愿意接受，也更倾向于喜欢接受周围人的意见。 因此，我们更容易使事情向我们想要的方向发展。

此外，爱慕虚荣的人有个显著的特点：常常会夸大自己的优点，然后炫耀出去，期待获得他人的羡慕。 如果不管在什么场合，让其体会到赢的滋味，这无疑给了对方向你炫耀的机会。 你再心甘情愿地去接受他的炫耀，让他感到满足，他自然会高兴得合不拢嘴，对你产生好感。

1. 让人赢，也要让人感到这是真的赢

为了让别人品尝到赢的滋味，很多时候，我们要巧妙地输给他。 例如，一起打赌某件事情，你要故意输给他；或者一起谈论某件事情的时候，你要跟着他的意思走。 可虽然是你主动输给对方，这个输也要做得逼真，才能满足他们的虚荣心，他们才更愿意和你共事。 而当一个人愿意和你相处或者愿意和你一起做点什么的时候，你离目标就会越来越近了。

相反，如果故意输得太明显，就是对方赢了你，也不会感到愉悦，甚至会认为你是故意小瞧他，自己胜之不武，反而弄巧成拙。 所以，在故意输的时候，一定要让对方感觉到他是真的凭自己的实力赢的。

2. 让他赢的同时，要让他产生亏欠感

虽然让对方赢有利于满足对方的虚荣心，然而在故意输的时候，不能让对方赢得理所应当，或者是天经地义，有必要让他产生亏欠的心理。 例如，当你和对方打赌，开始的时候争执

得面红耳赤，结果对方赢了，那他自然觉得这本来就应该他赢，他心里痛快，才不会觉得亏欠你什么。但倘若你们在打赌前，你并不想打，表现出只是陪他打而已，结果他不出所料地赢了，那么他就会产生亏欠心理。在这个时候，他便会想方设法地弥补你。你就能离你的目标更近一步了。

让对方赢能够满足他的虚荣心，虚荣心被满足后，便会产生愉悦的心情。当一个人在愉悦心情占据主导地位的情况下，便会乐于听取别人的建议。到这时，我们就能掌控事情，使事情按照我们的意愿发展了。

面对犹豫不决者，向前推一把

杨华非常想升任部门经理，但她有一个非常厉害的对手，就是比她早来公司一年的丽丽。杨华深知，论业绩自己虽然不比丽丽差，但丽丽资历比她老，因此比自己更有优势。

后来，公司决定用内部人员匿名投票的方法来决定，这便给了杨华升职的希望，因为这一政策决定了不管谁的资历深，首先都要过大家投票这一关。如果她的选票比丽丽高，她便可能升为部门经理。于是，她计划起来：其他人的选票都差不多可以确定，刚来的小玲是决定胜负的关键，但小玲性格非常犹豫。

第二天下班的时候，她趁着和小玲一同下班的机会，对小玲旁敲侧击地问了问她想要选谁。小玲犹豫了半天，结果回答不知道。杨华一听，立即对小玲说了关于自己的一些事情：业绩如何，资历多深……最后，还开玩笑似的补充道："我肯定不会辜负大家的期望，你就选我吧！"结果，在第二周的选举中，正是因为有了小玲的一票，杨华当选为部门经理。

杨华是怎么影响小玲，让她投了自己一票的呢？从整个过程中，我们不难发现，杨华对小玲实施的策略很简单：直截了当。而小玲呢，其本身性格便是犹豫不决的，不知道该选择谁，也不知道该如何选择。当她被告知可以选谁的时候，正好觉得方便了，不用多想了。于是，便理所当然地把票投给了杨华。

心理学上将类似于小玲这种犹豫不决的现象称作"布里丹毛驴"现象，主要就是指，在决策过程中不知道怎么样决定的现象。

这一名字的来源是：法国哲学家布里丹养了一头小毛驴，每天向附近的农民买一堆草料来喂。一天，农民出于对哲学家的敬仰，就多送了一堆草料给他。结果，毛驴站在两堆数量、质量、与它的距离完全相等的干草之间，为难坏了，不知道应该吃哪一堆，最后在犹豫不决之中饿死了。后来，"布里丹毛驴"现象就是指犹豫不决。

心理学家曾对"布里丹毛驴"现象这样假设过：如果当时有农民将其中一堆草料稍稍地向前推一下，毛驴也许不会饿死；或者有人牵着毛驴，让其向其中的一堆草料走近几步，它就不会饿死。

布里丹毛驴现象警示我们：在面对犹豫不决的人时，要主动往前推他们一把。这是因为，对于犹豫不决的人而言，他们不知道如何做出选择。而这时，如果你推了他们一下，给他们指出一个方向，他们乐得同意按照这个方向走，才不会在意你什么意图。事实上，你推他的方向正是你想让其前行的方向，这样便达到了你想要的目的。

对于犹豫不决的人，虽然推他们一下，就会轻易达到自己想要的结果，但在用此策略的时候，也要注意一些方法和技巧。具体的方法如下：

1. 对于犹豫不决的人，不要灌输给他们过多的信息

犹豫不决的人在做选择或者做事情的时候，最纠结的是不

会做选择。 这就要求人们在掌控这些人的时候，不要灌输给他们过多的信息，信息太多会让他们更加无所适从，进而更加无法选择，不知如何是好。

直接告诉他们选哪个，或者直接传达一个他们该如何行事的信息。 这样他们往往不会多想，从而听取你的建议。 而事实上，这正是你所需要的。 例如，当你想让一个犹豫不决的人选择一款品牌手机时，与其告诉他哪个都有什么优点，还不如直接告诉他具体应该选择哪个品牌。

2. 你要让犹豫不决的人，看到选择后的光明

对于性格犹豫不决的人而言，他们不敢做决定的原因是害怕自己的选择会带来失败或者带来自己不想看到的结果。 因为他们知道，一旦决定付诸实践，就不会再有退路，要自己承担所有的后果。

因此，在掌控、驾驭这类人时，一定要让他们知道选择你所说的那个方向的美好结果，没有什么不良后果，而是光明、靓丽的美好前景。 例如，如果你是售货员，当你想让犹豫不决的人买一件衣服的时候，他们可能会怕样式、质量、价钱等因素出问题，而当你向他们保证质量没问题，价格合理，他们穿着也合身、漂亮的时候，他们就会迅速决定买了。 在这种推他们一把的方法中，让他们知道选择后的结果很好，就会很有效。

对于犹豫不决的人而言，他们每次在面对选择的时候，都会表现出不知所措、举棋不定。 而这时，假如能有人告诉他们要怎么办，他们多半会顺水推舟般地惯性向前，按照这个方向走，这样，你就会取得你想要的结果。

"让一步"比"争一步"对你更有利

独木桥上迎面走来两个人，桥很窄，只能容纳一个人通过。双方都希望别人能退回去，把路让出来。

一个人说："我很着急，你退回去吧。"

另一个人说："既然这样，我们把身体侧过来一起过吧。"

两人一想也对，就将身体侧了过来。

这时，一个人暗暗推了另一个人一把，另一个在即将掉下去的时候抓住了他，结果两个人都掉下了河。

墨子说："恋人者，人必从恋之；害人者，人必从害之。"心境平和，礼貌谦让，自己也可以从中得到方便。

做人是一生的学问，人们总是争来争去，都算不上真正懂得做人底线的智者。与之相反，让一步可以海阔天空。

"让"与"争"的区别在于："让"在于敢舍一切，"争"在于不失分寸。如果用"争"的方法，结果永远不会满意；但用"让"的方法，就会有可喜的收获。语言的杀伤力也是巨大的，假如只是嘴上功夫占便宜，倒不如让步为好。

谁都不愿意承认自己的错误，承认了心里也会不舒服，但若承认了却可以把事情办得更加顺利，成功的希望更大，这样就会抵消你承认错误的沮丧感。况且大多数情况下，只有你先承认自己也许错了，对方才有可能退一步，认为他也有错。这就像拳头出击一样，伸着的拳头要想再打人，一定要先暂时收回来。

遇到争论时，首先做出让步，不仅表示了你的礼貌，也表示你的气度。如果执意争吵，会导致两败俱伤。因此，快速地、真诚地让步，承认自己的错误，可以拉近双方的距离，在他觉得你是真诚的情况下，他也会付出真心。

当你对的时候，可以试着使用一些技巧使对方认同你的观点；而当你错了，就要迅速而真诚地认错。这种技巧不但能产生惊人的效果，而且事情也会因此成功。人们最容易被"让"字所打动，最容易被"争"字所激怒。"让"与"争"关系的选择，智者总会选择"让"，远离"争"。

得理让三分，兔子急了也会咬人

苏格拉底是著名的教育家、哲学家，他曾经说过："一颗完全理智的心，就像是一把锋利的刀，会割伤使用它的人。"在这个世界上，没有完全绝对的事情，每件事情都有其两面性。这就告诫我们做人做事都不要太绝对，一定要留有余地。

一个春天的早晨，房东太太发现有三个人在后院里东张西望，她觉得可疑便马上报了警。就在小偷被押上警车的一瞬间，房东太太发现他们都还是孩子，最小的仅有14岁！按照法律规定，他们要被监禁半年，房东太太心存不忍，便向法官求情："法官大人，我请求您，让他们帮我干半年活，以示惩戒吧。"

法官最终同意了房东太太的请求。房东太太把他们领到了自己家里，像对待自己的孩子一样热情地对待他们，与他们一起生活和劳动，还给他们讲做人的道理。半年后，三个孩子不仅学会了各种技能，而且个个身强体壮，对房东太太非常感激。房东太太说："你们应该有更大的作为，而不是待在这儿。记住，孩子们，靠自己的实力吃饭是最重要的。"

许多年后，这三个孩子其中一个开了个工厂，一个成了一家大公司的主管，而另一个则成了大学教授。每年的春天，不管他们在哪儿，都会回来与房东太太相聚在一起。

"得理让三分"，房东太太从中收获了很多珍贵的东西。

"人活一口气，佛争一炷香。"当一个人被其他人欺负或者排挤的时候，经常喜欢说这样"争气"的话。

其实也没有必要如此。想一想，一个人的气量到底有多少呢？大不了三万六千天，这还是极少数。古代名人张英有云："万里长城今犹在，不见当年秦始皇。""千里捎书为堵墙"，却不如得饶人处且饶人，"让他三尺又何妨"？这方面，古往今来，有很多人，很多事值得我们学习。

"得理不让人，无理搅三分。"许多人都有这个毛病。其实，一个人怎么可能总占理？所谓"有理""得理"往往只是相对而言的。凡事皆有一个度，物极必反，"得理不让人"就有可能变主动为被动。反过来说，如果能得理且让人，不仅可以显示出自己宽大的胸怀，也能获得别人的尊重和诚服。

它具体表现在：

（1）得理不让人，让对方走投无路，在将对方逼上绝路的时候，会激发对方"求生"的意志。而既然是"求生"，就有可能是"不择手段"。就像将老鼠放在一个密闭的空间里，不让其逃出。老鼠为了求生，就会对空间里的东西进行破坏，这将对你造成严重的伤害。放它一条生路，它会认为"逃命"要紧，就不会伤害到你。

（2）对方"无理"，自知理亏，你在"理"字已明之下，退一步，他会铭记在心，来日自当知恩图报。就算不会如此，也不会再跟你对着干。这就是人性。

（3）得理不让人，伤了对方，也会伤害对方身边的人，甚至毁了对方，这有失厚道。得理让人，这也是人脉的一种积累方法。

（4）人海茫茫，却常"后会有期"。你今天得理不让人，日后你俩可能会再相逢。若那时他强你弱，吃亏的就可能是你！"得理让人"，这也是日后为自己留条后路。

人情翻覆似波澜。没有永远的朋友，也没有永远的敌人。世事如崎岖道路，困难重重，狭路相逢的时候不如往后退一步，让对方先过，就是宽阔的道路也要给别人三分便利。这样做，为自己以后铺了一条路，也就多了个朋友。

晓之以理，诱之以利

我们来看看这个故事：

  战国时，秦国的文信侯吕不韦打算进攻赵国，以扩大本国的疆域，于是让蔡泽出使燕国。过了 3 年，秦国以燕国的太子丹作为人质，吕不韦就请张唐去帮助燕国，打算跟燕国一起攻打赵国，以开辟河间的土地。张唐推辞说："赵国是到燕国的必经之地，赵国人如果抓住我，可获得封地百里！"吕不韦让他离开后，自然心里感到很不愉快。少庶子甘罗对吕不韦说："君侯为何不悦？"吕不韦说："我派蔡泽到燕国去了 3 年，我国就拥有燕太子丹作为人质了，今天我让张唐出使燕国共同完成伐赵的使命，他却不愿意去。"甘罗说："我有办法让他去。"吕不韦呵斥他走开，说道："我亲自请他去，他还不愿意去呢，你能有什么办法？"甘罗说："项橐才 7 岁就做了孔子的老师，我现在已经 12 岁了，您不如让我一试？"

  于是，甘罗找到张唐，问道："武安君白起与您的功劳相比，谁的功劳更大呢？"张唐说："武安君打了数不清的胜仗，攻陷了数不清的城池，当然是武安君的功劳大。"甘罗又问："武安君的功劳真的比您还大吗？"张唐肯定地说："真的。"甘罗问："应侯范雎在秦国受重用时，文信侯的权力与之相比，哪个更大呢？"张唐说："文信侯的权力更大。"甘罗问："您真知道文信侯的权力更大些吗？"张唐说："对。"甘罗说："当年应侯要去攻打赵国，武安君有意为难，最终被绞死在城外。如今文信侯亲自请您去出使燕国，而您竟然不愿意，我真不知道您将会死在哪里。"张唐急切地说："我愿意去！"于是，张唐准备好了车马和礼物，准备择期出发。甘罗对文信侯说："借给我五辆车子，我会先去赵国，晋见赵王。"

赵王亲自到郊外迎接甘罗。甘罗见到赵王后，问赵王："您听说了太子丹在秦国做人质这件事吗？"赵王说："听说了。"甘罗说："燕太子丹到秦国做人质，说明燕不欺秦。张唐出使燕国，说明秦不欺燕。秦、燕两国关系很好，假如他们一起攻打赵国的话，赵国的境地就会非常危险！燕、秦两国现在正在商量着一起攻打赵国，以此来扩大秦国的领地。今天大王如果给我五座城池以扩大河间之地，秦国则将燕太子送回，选择与赵国合作，攻打燕国。"

赵王如此一听，立刻向秦国割让了 5 座城池。秦国将燕太子送了回去。赵国攻打燕国，占领了上谷的三十六县，将占领城池的十分之一献给了秦国。

正所谓："有志不在年高。"这就是中国历史上著名的甘罗，他 12 岁出使赵国并获得了巨大的成功。无论是说服张唐还是说服赵王，他只是向对方将利害关系讲清楚。可见，只要运用得当，"晓之以理，诱之以利"将是处理人与人之间、国与国之间关系的至关重要的法宝。

出乎意料的无私可以获得更多的信任

有些人与不相熟的客户或者朋友交往时，他们都会从各方面去考察、判断你的动机和行为是从自己出发，还是为别人考虑。当他们发现你从来不会为他人着想，只是在为自己的利益做事时，他们就会放弃与你深交，也就不会再和你进行更深入的生意合作；相反，当你为他们做出了超过他们预期的无私的事情之后，他们就会把你当成真正的朋友，你的想法也会变得更加可信，他们愿意与你在生意上合作。因为你用行动证明了你对他们的关心。

有一对老夫妇买了一幢园林式的新房，想雇请一位园艺师，有一位园艺师是邻居们一致推荐的。于是夫妇俩对这个园艺师很好奇，决定聘请他。

出乎他们的意料，这个园艺师见到他们之后，不仅询问了园艺方面的情况，还问了他们很多其他方面的问题，并做了非常详细的记录。比如："你们一般什么时候会在家？""周末你们喜欢钓鱼吗？""你们最喜欢谁家的院落？"诸如此类的问题，这个园艺师都询问得一清二楚。

不过很快，老夫妇就知道他为什么要问得这么详细了。他除了按时修剪植物外，还给他们带来了很多意外之喜：他会把他们新买的圣诞树挪到一个更阴凉的地方，寄一些如何打理绿植的文章给他们，他还会在周末来临时准备好钓鱼的渔具。老夫妇终于明白为什么邻居都向他们推荐这个园艺师了。他全心全意为我们的利益着想，我们能不满意吗？

你为对方所做的事情能否让别人满意决定着你与对方的关系。你所做的事达不到对方的预期，合作关系就很难达成；你所做的事刚刚符合对方的预期，你们的关系也只能是一般化；只有你所做的事完全超出对方的预期时，对方才愿意与你长久合作。

第三章

所谓会聊天，就是把话说到别人心里

说话前要三思，口不择言易伤人

在言语上伤害他人，有时只是我们的无意之举，我们以为没什么的话，在别人耳中却能造成一定的伤害。

口不择言可能不是出于你的本心，但却很容易把人际关系搞得很糟糕。不过要人们的每一句话都三思而后言也是强人所难。只有通过不断地实践、不断地总结和锻炼，我们方可在说话的时候把握得当、收放自如。

"你会说话吗？"面对这样的问题，你一定不屑地一笑，只要是正常人，说话谁不会？实际上，说话是一门非常高深的艺术。谁都会说话，但有些人说话总是欠考虑，口不择言，往往一通发泄之后，只顾自己快活，不顾别人死活。

我们还是先看几个关于口不择言的笑话：

一剃头师傅家被盗劫。第二天，他给别人剃头的时候唉声叹气。主顾问他为何发愁，师傅答道："昨天晚上我们家遭到强盗抢劫了，现在想想，只当替强盗剃了一年的头。"他的主顾听了这话，心里很不高兴，愤怒地就把他赶走了。后请的师傅问："先前有一师傅服侍您，为何另换小人？"主人就把换师傅的原因告诉他。这师傅听了，点头道："他说话口不择言，真是自己砸自己的饭碗。"

在寿宴上，客人同说"寿"字酒令。一人说"寿高彭祖"，一人说"寿比南山"，第三个人开口便说"受福如受罪"。众客道："这话不但不吉利，而且用字也不对，该罚酒三杯，另说好的。"这人喝了酒，又说道："寿夭莫非命。"众人生气地说："生日寿宴，你怎么可以说话不经过大脑。"这人自悔道："该死了，该死了。"

有一人请客，四位客人中有三位先到。主人等得着急，随口说道："唉，该来的还没来。"一客人听了，心中不快："难道我是不该来的？"告辞走了。主人着急，说："不该走的又走了。"第二位客人也生气了："难道我就是那该走又赖着不走的？"说完扭头就走了。主人苦笑着对剩下的一位客人说："他们误会了，其实我不是说他们……"这第三位客人听了更不舒服："不是说他们就是说我了。"主人的话未完，最后一位客人也走了。

虽然是笑话，但生活中这样的错误却屡见不鲜，如果我们说话时不加思考，就可能伤人败兴，导致人与人之间产生尴尬的场面。 所以在说话时一定要注意说话的场合、对象、气氛，需要三思而后言。 像有些人去菜市场，问卖肉的："师傅，你的肉怎么卖？"或饭馆服务员上一盘香肠，说："先生，这是你的肠子。"我们一定要留心规避这类低级的错误。

明人吕坤认为，说话是一件最难的事情。 像上面所说的情况，还不是太难的。 只要注意语言修养，斟酌我们说的每个字句。 说话难，其实最要命的就是说真话、说实话太难。

央视节目《实话实说》节目主持人崔永元谈到了办节目时遇到的一些事。他说，这个时代没有了"文字狱"，说真话已不会闯下大祸，但"说实话免遭迫害，可不定能免遭伤害"。《实话实说》栏目邀请过很多名人学者，结果呢？一位座上客因此评不上职称，原因是"喜欢抛头露面不钻研业务"。另一位本来有机会升为研究所副所长的，因做节目耽误了前程，理由是"节目中的观点证明此人世界观有问题"。一报社记者录制的节目一经播出，就被单位的人指指点点，同事说他出风头，什么都敢说。另一电台记者回去后被领导审查，领导认定他是收受了贿赂。还有一位老年女性在节目中真诚表露了自己的人生感受，结果被人们看成精神病……

崔永元苦恼地说："很多时候我们自己都失去了信心，节目到底还能做多久？"他也体会到了"说话是人生第一难事"。

有人"见人说人话，见鬼说鬼话"，并且有不少人学习此道。 明明是这么回事，有人偏偏说成那么回事。 前一秒说的话，后一秒就立刻改口。 这样随风转舵，看人下菜，言不由衷，自欺欺人。 俄国作家契诃夫笔下的"变色龙"，就是这样很"累"地不断自打嘴巴地说话，这是典型的反面教材。

说话的技巧是要学习的，但是我们也必须坚持原则，不可指鹿为马曲意逢迎。 如果违心地说话，那技巧就变成了恶行。

崔永元说得好："如果我们在俗世学会了花言巧语，我们用酒精泡出了经验，我们得意地欣赏属于自己的一份娴熟时，我们也就失去了很多真实的东西，那些东西对我们很重要。"

说话如果不坚持原则，那丢掉的就是人格。

说话这事，对于孩子们来说很简单，有什么就说什么。只有大人们才觉得是道难题。大人们深思熟虑，思前想后，知道掂量和玩味，但孩子们的思想里没有那么多顾虑。那么，如果我们实在想说，如鲠在喉，不吐不快，却不知怎么说才合适，怎么办？崔永元出了个主意：有什么就说什么，就像来自德国的教练施拉普纳对中国足球运动员说的："如果你不知道该把球踢到什么地方，就往对方球门里踢！"

这样做既简单又有效，曲意逢迎固然能避免口不择言，伤及他人的毛病，但是也只是一时的避免。要真正地说好话，避免伤及他人，就一定要用心，培养说好话的能力与技巧，自然而然地说出来，实在不能说时，宁可选择沉默。

要把忠言说得不逆耳

在现实生活中，我们或许会碰到领导或者朋友出于意气用事，或者本身就自恃权重不甘于平庸，欲成大事而决策失误，使得各方面都遭受巨大的损失，这个时候我们应当仗义执言，阐明利害关系，说服其改变主意。

战国时期，名将赵奢原先只是赵国田部的官吏，掌管田地税赋的征收。当时，四大公子之一平原君赵胜家不肯照规定缴纳税款，赵奢依法施罚，把平原君府上九个管家正法。平原君大怒，预备杀赵奢以示报复。

赵奢趁机献上忠言说："您贵为赵国公子，今天连您自己也放任家臣不守国法，国家法令的尊严就会受损；法令受损，国家就会越来越贫弱；国势弱，则诸侯就会伺机而动，赵国就会有亡国之忧。到那时，您又该如何享受这种富豪的生活呢？反之，如果公子您都以身作则恪守法度，则可以使全国上下一心，国家就会富强，赵国自然能长治久安，而您呢，贵为国戚，还怕天下人轻视吗？"

平原君闻言对赵奢赞赏有加，于是把他推荐给了赵王。

赵奢在这里并未当面批评平原君管教下属无方，而是从国家社稷的角度出发进行劝谏，毕竟平原君是赵国的贵族王子，从他的利益出发点来劝谏是最好不过的，所以他能采纳赵奢的意见，同时，发现了一个忠心耿耿的拥护者。

在现代社会中，有一些商人不脚踏实地，而只是通过凭空想象，仅考虑到某些片面的利益，导致做出的决定不合时宜，从而蒙受更大的损失。对于这些情况，不能听之任之，应当仗义执言，否则等到产生不良后果，领导还会怪下属未及时反馈情况。虽然是大家共同的责任，但对于企业和社会将是很难弥补的。

一些领导身居要职，有指挥权，往往会独断专行。所以，如果你诉说的仅仅是目前的现象和实情，他也不会轻易接受，而且搞不好，有的领导还会认为你不理解他的苦衷，或是以为你是在故意推脱责任。怎样才能让领导理解你的苦衷呢？最好的办法是，你可以采用推导可能结局的方式。从领导准备做出的决定出发，合乎逻辑地推导出最可能产生的后果，从而让领导自己幡然醒悟悬崖勒马，从而达到诉说的目的。

小常在一家私立学校任教，由于学校的宣传很到位，学校开办伊始就有很好的生源。这样一来，现任的各位教师授课任务十分繁重。但领导认为应该"宁缺毋滥"，决定只用现有的教师力量，增加他们的授课时间，并承诺按增加的课时给老师们涨工资。因为小常特别看重自己的名声且是一个有高度责任感的老师，若是长时间这样劳累，势必身心疲惫，从而影响教学质量，这样不利于自己和学校的声誉。于是，他决定向领导诉说一下自己的想法。他从关心学校的前途命运入手，跟领导说明教学质量需要时时抓不可轻视，从而推导出如果按照领导的方式发展下去，教学质量下降是必然现象，而这正是领导非常关心的问题。领导也就愉快地接受了他的建议。

仗义执言也要分清领导的真实意图，有时候某些领导并非真心想让你提意见，而是一种向下属炫耀自己水平的方式，这时更要多点"心机"，否则不但得不到什么好感，严重的时候还会自毁前程。

同时提意见也要注意相应的方式，诸如先扬后抑，如果想要达到好的效果不妨以请教的姿态进行。

小麦曾供职于某个广告公司。她工作上能吃苦，且待人热情、聪明能干，很受上级领导的重视。但有一天，老板找到她，说自己拟订了一份公司经营规划，想让她给提提意见。小麦年纪轻轻没有经验，结果对老板的经营规划提出了不少批评意见，有些意见还是很尖锐的那种。当然，她的出发点是好的，而且她的很多意见都很有见地，若是老板真心想听她的意见自然会受到夸奖。但不足一个月，她被老板炒了鱿鱼。因为，虽然老板大多数表面上会摆出一副虚心采纳下属意见的姿态，但是实际上却很反感下级提出过于尖锐的意见。小麦错就错在自己说话太直率了，明显地不把领导放在眼里，让领导心里产生不快。

想要获得尊重，就必须首先尊重别人。 对于领导和老板也是如此。 要想尊重上级就要多多注意自己的言行，尤其在老板要你给他提意见时，要巧妙使用说辞。 比如，你可以采用赞扬和肯定的语气，先对老板的计划赞美一番："老板，您的策划真的是高屋建瓴，假如付诸实施的话，一定能使公司的业绩有大幅度的提高。 但是，有一个小问题，您觉得这样会不会好一点……"采用这种方式提出自己的意见，既能够让老板开心，也能达到提意见的目的，岂不是两全其美？

善于提意见或者说服别人的人大多数是懂得察言观色，说话委婉，不急不躁，听似柔若无骨，实则主见分明，这就是把忠言说得悦耳之道。

言多必失，控制好自己的嘴巴

孔子观于后稷之庙，有三座金铸的人像，经常一言不发，就在它的背上铭刻了几句名言："古之慎言人也，戒之哉！无多言，无多事。多言多败，多事多害。"

孔子铭刻"无多言，无多事"，就是在劝诫人们：做人要谨言慎行，不骄不躁，宁可显得笨拙一些，切忌自以为是，夸夸其词，喜形于色，溢于言表。

《法华经》曰："言多语失。"说话应谨慎，三思而后言，只说应该说的话。

吕莲和尚这样告诫他的弟子："祸从口出而使人身败名裂，福从心出而使人生色增光。"它的意思是：对别人说出恶毒的话可能伤及他的自尊心，所以劝诫人们，说话应谨慎，只说该说的话。

说话得体，则让人高兴；反之，只会让人伤心。同样内容的话语，出自两个人之口，听起来也会有区别。你自己信口开河，伤人而不自知，但别人却认为你是有意的，如俗话所说"口乃心之门户"，所以别人会认定你是故意之举。

不爱多说话的人，并不是因为他们不善于表达，而是他明白话说多了鲜有不坏事的道理。

司马迁因《史记》而名垂青史，他在《史记》中这样评价汉代名将李广："《论语》上说身居要职的人们品格若是十分正直，不发命令，下属也会效法他的行为去做；反之他们若是品行不端，即使下了命令，也不会有人遵照去做。李广将军就是那种品行端正的人。我见过李广将军，他诚信忠厚，为人朴实，话语甚少。可是当他逝世的时候，认识或不认识他的人，无不为他的死感到悲伤。这正是他忠诚笃实的品质赢得了人们对他的信赖的缘故！总是话很多的人，都喜欢滔滔不绝地表达自己的观点，爱下结论，爱指点别人，这样子固然能够张扬自己的个性，但是于明哲保身不利。聪明人应引以为鉴。"

子曰："君子欲讷于言而敏于行。"君子应该谨言慎行，话少说点，事儿多做点，这句话强调了实际行动的重要性，为人处世应少说话多做事。

日常生活中，一个人光说不做，只在那儿夸夸其谈，久而久之，只会让人生厌。俗话说："言多必失。"话多而做实事少的人给人的感觉就是十分华而不实，倒不如少说话，踏踏实实地多做实事则让人感觉勤奋踏实，值得信任。唯有在行动上有坚定的执行力，少言多思，才能取得成就。

另外，同一个人心境状态不同之时，说话的内容也会不同。心情愉快的时候，说话办事比较顺心顺眼，故而赞誉之言可能会多；有时心情不愉快，说话难免会急躁尖锐一些，讲出许多过火的话，招至很多麻烦。

所以古人说："治理中显露的，是大众的小事；在这个过程中很少说话的，是圣人的表现；存心于私利的，是小人的追求；存心于远大的，是圣人的事业。"

言论有如下几点潜在祸患：一是对国事、政事滥发议论，所以在古代以及新中国成立前的茶馆及旅店门上都挂有"莫谈国事"的牌匾；二是在生活中对周围的人们指指点点，正是这种不考虑后果的高谈阔论，惹怒了上司和同事，引起很多不必要的冲突；三是在众人之中鼓唇弄舌，搬弄是非，像长舌妇一样，说人长短，这种缺少修养的言谈，没有不遭到报复的。 把话说得滴水不漏，是一种修养、一种水平，既不能喋喋不休，口若悬河，也不能成了哑巴。 可见，言谈能反映出一个人为人处世的涵养功夫，是十分考验人的一件事情。

说好话，有好运

有这样一个故事：

有一位严肃的"直话"先生和一位专爱捧人的"好话"先生，某天俩人都被邀请去参加一个舞会。他们同时看到一位风韵犹存的老妇人，于是"直话"先生走过来对她说："您使我想起您年轻的时候。"老妇人高兴地说："怎么样？""很漂亮。"

老妇人略有不悦地说："我现在丑了吗？""直话"先生一本正经："是的，比起您年轻的时候，现在的您皮肤松弛，缺少光泽，还有皱纹。"老妇人一听，脸上顿时五彩缤纷，红一阵白一阵，怨恨地看着他，刚才的欢快心情瞬间消失无踪。

这时，"好话"先生快步走来，彬彬有礼地邀请老妇人跳一支舞，并对她说："您是舞会上最漂亮的女人，如果能与你共舞，将是我莫大的荣幸。"老妇人刚刚黯淡下去的眼睛顿时又闪现出了神采，她欣然同意。于是"好话"先生与她跳了好几支舞，老妇人开心极了。

"直话"先生在旁边看到老妇人一下子好像萌发了青春的活力，全身都洋溢着生命的激情与魅力，脸上也露出迷人的微笑，就像一个漂亮的年轻女郎。

老妇人离开之后，"直话"先生问"好话"先生："跳舞的时候，你对她说了些什么？""好话"先生笑着说："我跟她说您真漂亮，我真希望能娶你。""直话"先生眼睛瞪得大大的，气愤地说："你怎么能这么说！这太荒唐了！""但是她很开心，不是吗?"但是最后两人都没有把对方说服。

到了第二天，他们都收到了一封参加××葬礼的信，在墓地，两位先生再次碰面，原来，这是那个老妇人的葬礼。葬礼过后，仆人叫住他们，分别把信封递给"直话"先生和"好话"先生。

"直话"先生拿到的那封信是这么写的："'直话'先生，你说得对。衰老和死亡不可避免，不过我们往往不希望被人这么直接说出，我将我的日记赠送给你，那是我的真实。"与此同时，"好话"先生也阅读着老妇人留给他的信："'好话'先生，十分感谢你的赞美。它让我生命的最后一夜过得如此幸福，也让我仿佛又年轻了一回，你化去了我心中厚厚的霜雪。我将决定把我的遗产全部赠予你！"

有的人并无恶意，也许他也只是实话实说，但却不知自己的那些实话是在"泼冷水"，让本来心情大好的人，被冷水越浇越冷，严重的甚至会让两人的关系也随之破裂。实话固然重要，但是学会照顾别人的情绪则更为关键。

多说好话和赞美别人的话，能够让人与人之间的距离变得更加亲近，令环境愉快，就像那位"好话"先生，他那些出于好意的话语，让他得到了好运，继承了一大笔遗产。

蒋介石当上了国民革命军总司令后，身份一下子显赫起来，不过他还是对自己的祖先一无所知，也不知道自己的老家在哪里。很多人对他进行人身攻击，说他本不姓蒋，是她母亲带他到蒋家的，而且他来历不明。这件事一直让蒋介石耿耿于怀，于是他手下的那些文人便开始忙碌起来，整天帮他查族谱。

但蒋介石对他们查到的结果不甚满意。宜兴县的县长蒋如镜，是一个很有心计的人。他翻阅古书，走访民间，潜心考察蒋介石的祖先籍贯。功夫不负有心人，他终于考证到了一条线索。

光武帝时有一人名叫蒋横，是个将军，但后来死于诬害，他的儿子蒋澄被降至阳羡。翻案昭雪之后，他的子孙继承了官爵，可谓是显赫一时。其子蒋澄被封为函亭侯，并且在宜兴城内的东庙巷及官林镇附近的都山，都设有函亭侯的祀堂。

蒋如镜认为蒋介石与宜兴蒋氏是同出一脉，并梳理家谱，上报给了蒋介石。这份家谱让蒋介石非常满意，祖上有个将军，还被封过侯，祖宗如此显赫，而蒋介石也成了将门之后，这样自己的司令身份也就更加有威望。

于是蒋介石马上认祖归宗，并视蒋如镜为贵人。

试想，蒋如镜从一个小小的县长到成为蒋介石的座上宾，真可谓是一步登天。可他如此好运怎么来的呢？这一切正是因为他趁机献上的"好话"，让蒋介石很受用，从此他备受蒋介石荣宠，仕途平坦，步步高升。

好话像春风，而伤人话则似冬日寒风。 如果你说的每一句话都像春天般温暖，你的身边就会有似锦繁花，随之也会为你带来好运。

学会肯定他人成绩，满足他人的荣誉感

就算是那些没什么身份地位的人，总有令他们自己骄傲的地方，这些使他陶醉的成绩也许很小，小到也许别人不屑一顾。但是如果你能对这些予以赞美，对方一定会十分开心。

王师傅是常雯公司的专职司机，常雯第一次坐他的车时，恰巧是车辆很多的时候，路况很差，但王师傅却能在那样的车阵中又快又稳地前进。常雯见此说道："王师傅，这种路况下您还能开得又快又稳，真是不简单啊！"

就这样一句简单的赞美之词，王师傅听了非常受用。因为他觉得自己确实驾驶技术非常高超，这一直都是他引以为豪之处。在常雯坐他的车以前，几乎没人这么夸他。于是，他此后都非常照顾常雯，有时还会给常雯带点零食。这件事情过去了 10 多年后，王师傅仍然对当时的情景念念不忘，时不时地还在人前夸常雯的眼光很好。

要善于发现别人的闪光点。比如擅长做一道美味的糖醋鱼，擅长折叠各种各样的纸鹤，擅长编好听的故事等，这些都是别人的闪光点。要学会赞扬这些小的闪光点，不要因为它小就不做，其实将小事做好了，同样是不容易的事情，甚至能够令你的人缘大厦平地而起。

亚当斯是纽约高级座椅公司的总裁，有一天他想约见乔治·伊斯曼。伊斯曼在商界十分成功，他在曼彻斯特建造了一所伊斯曼音乐学校，并建了一座以他母亲命名的剧院。亚当斯约见伊斯曼，是为了将这两幢大楼的座椅订货生意拿到手。于是，他拨了几通电话，约定了时间拜会伊斯曼先生。

在见伊斯曼之前，那位好心的建筑师提醒亚当斯道："我知道你志在必得，但是我不得不告诉你，要是你占用的时间超过5分钟，那么你说服他的可能性就很小了。他很忙，你必须抓紧时间把事情讲完。"

当他们到了伊斯曼的办公室时，伊斯曼正在办公桌前批阅文件。过了一会儿，伊斯曼才抬起头来，说道："您好，先生，有何贵干？"建筑师给他们做了引见，然后，亚当斯很诚恳地对伊斯曼讲："先生，刚才在一旁等候的时候，我认真观察了您的办公室布局，真是美妙极了，假如我能有这样一间办公室，那么工作起来该是多么带劲儿啊！我是专门从事房子内部木建工作的，可我之前还没有见过比这更漂亮的办公室。"

伊斯曼来了兴致——这间办公室是他自己亲自参与设计的。于是他回答说："这间办公室很漂亮，是吧？可惜我总是没时间欣赏它。"亚当斯走了过去，像抚摸心爱的物品一样，不断地抚摸着一块镶板："这是英国的栋木做的，对吗？英国栋木的组织十分特殊。"

伊斯曼觉得他品位很高，就带他四处参观，并且把自己参与设计与监造的部分也一一指给亚当斯看，随后还跟他聊起了自己白手起家的点滴历程，以及他小时候和母亲一起生活的故事，并想邀请亚当斯去他家与他共进午餐，看看他自己动手漆的椅子究竟怎么样。

午饭过后，伊斯曼给亚当斯看了那几把椅子，虽然并不是十分名贵的椅子，但是都是他自己所漆，因此，他引以为荣。这种情况下，聪明的亚当斯自然不吝赞美之词。结果，当从伊斯曼家中离开时，亚当斯如愿获得了那两幢楼的座椅生意。

世界上最成功的商人之一，美国亿万富翁德士特·耶格，他就说过："你要善于聆听别人在生活中做过的一些事迹。当他们出色地做到某件事情后，你要能够祝贺他们。适当时候巧妙地赞美他们，你是多么欣赏他们所做出来的贡献。"

肯定对方的成绩和优点，对于我们来说，几乎只是不用任何成本的真诚言语付出，但却能满足对方的荣誉感，从而给予你更加丰厚的回报。

多提对方的自豪之事

语言是架起人与人之间关系的桥梁，赞赏是打开他人心门的一把钥匙。特别是对方值得称道的优点，当你发现了它们，且不吝赞美之辞，对方自然会认为你是值得信任并了解他的人，亲切感便油然而开。

就算是混得不怎么样的人，也会有一两处值得称道的优点。比如一个人优点很少，却很有运动天赋，或者酒量非常好，你都可以利用这些。地位低下的人尤其在意自己的小小闪光点，当然也有的人不太在意。但无论他是在意还是不在意，当听到别人恭维自己的闪光点，看到自己被人肯定，都会感到很高兴。

1960 年，法国总统戴高乐访问美国，尼克松总统夫妇设宴迎接他的到来。总统夫人精心布置了一个鲜花展台：在一张形似马蹄状的桌子中央，有一个精致的喷泉，四周摆上五彩缤纷的花，两者相互映衬。

戴高乐将军一进宴会厅，就被这个设计吸引住了，他明白，这是主人为他的到来花心思制作的，所以他真诚地夸赞道："夫人您真是有心，这必定花费了很多心思和时间进行设计与布置，才能这样漂亮、雅致。"尼克松夫人听了这话，感到非常喜悦，觉得自己的工作成果得到了肯定与尊重。

对于尼克松夫人而言，布置鲜花展台应该是她分内的事情，有什么可称赞的呢？然而戴高乐将军并不吝啬赞美之辞，并向夫人表示了诚挚的感谢和肯定，为晚宴创造了轻松愉快的气氛。

赞美是件好事，但却是件较难的事。如果你不喜欢某个人，最好的解决办法就是寻找他值得称道的地方。而且你也一定会找到一些，只要你看到对方身上的闪光点，你也就能够对他"另眼相看"了。

比如对一个漂亮的女性，如果像众人一样只夸她长得美，这样"锦上添花"的赞美，她几乎天天都听，你再怎么费力赞美她，她也只觉得平淡无奇。但是如果你对她说："你真是个才女，有能力，有才干，人也长得好看，简直就是才貌双全。"相信她一定会喜上眉梢，认为你这人很具有眼光。

可见，夸赞别人的长处优点时，最好是称赞他最不显眼，或许是连他本人都未能察觉到的亮点。因为他最大的优点大家有目共睹。若是单调地重复，可能会让这个人对你产生反感，而那些小的优点，是别人从未发现或者不经常提起的，因此也就显得弥足珍贵。而你的发现与称赞为对方增添了一份对自己的认识，也给了对方一个自我认识之外的惊喜。同时，你独特的观察力还会获得对方的好感。

拿破仑是个对奉承很反感的人，跟随他的将士们都很了解这一点，都不敢对他说奉承的话。然而，有一个聪明的士兵却对拿破仑说："将军，您跟其他人真的很不一样，从来不愿听人奉承。"拿破仑一听这话，认为十分真切，不但未斥责他，还感到有人理解他，觉得非常开心。

这位士兵之所以能成功奉承不爱被奉承的拿破仑，最主要的原因是他发现了拿破仑值得称道的地方，并准确地称赞拿破仑的这个闪光点。

别人对你赞美，相信你不能无动于衷。只不过有的人会赞美他人，有些人却很不擅长。大文豪萧伯纳说过："每次有人吹捧我，我都头痛，因为他们捧得不够。"可见，人都钟爱赞美，重要的是你懂不懂得巧妙地选取奉承的内容和方法，说到别人心里。

若是能多留意一下寻找别人身上的闪光点，并适宜地赞美，对方会觉得你很在意他、欣赏他，他们对你自然也会十分亲近。同时，这样的赞美还能激励一个人潜在的能量，让别人越来越自信。

要学会照顾对方面子

中国人都非常注重"面子"，从古语"士可杀不可辱"中可见一斑，面子有时甚至重于性命，一旦撕破脸面，关系便彻底断绝了。

所以，任何情况下都要顾及别人的面子。试想，如果你由于某些原因未及时完成工作，你的上司当着众人不留情面地批评你，你一定会觉得面子扫地，十分难受，甚至会因此而仇恨对方，和对方对着干。所以，聪明的人都会慎重对待别人，尽量不伤及对方的面子。

柳颜和丈夫结婚多年，已经习惯了丈夫对她言听计从，有时候在人前也对丈夫颐指气使。一天下班回家，她突然看到丈夫领来了一帮不速之客，买了一大堆烟酒鱼肉，搞得整个房子一团乱。她顿时生气了，也不管丈夫和朋友聊得正欢，冲过来对着丈夫就是一阵数落："你怎么带人来也不和我说一声啊！"说完就摔门而去。

在场的人们一个个一脸惊愕，尴尬万分。原来，这几个人与柳颜丈夫是多年未见的旧友，因为出差刚好聚在一起。柳颜的丈夫与旧友相见特别开心，于是豪气万分地对他们说："走，去我家吧！"大家都开玩笑地说："是不是需要和嫂子打个招呼啊？"柳颜丈夫听了这话，觉得面子上挂不住，于是一拍胸脯说："咱家哪有这规矩啊。"

原本是大伙其乐融融的一次聚会，却由于柳颜的闹腾，很快就散了。这件事仿佛一根导火线，柳颜的丈夫因此与她大吵大闹，最后不得不以离婚收场。

在大庭广众之中批评别人，逞一时口舌之快，确实令别人反感。尤其是夫妻之间，更要注意这点。柳颜的无知让聚会不欢而散，而斯大林因一句话却永远地失去了妻子。

斯大林在一次十月革命纪念晚宴上喝得心情大好，他在众人面前对妻子娜佳喊道："喂，你也来喝一杯！"这句话要是放在家中，本是亲昵之语。可是，斯大林是当着党政高级官员和外国代表的面这样说，让妻子觉得自尊受到了伤害。

正巧娜佳又属于年轻气盛、十分要强之人，她有很强的自我意识。当听到斯大林的这句话时，觉得很失颜面，感到受了羞辱，心里十分气愤，于是就大喊道："我不是你的什么'喂'！"

说完她站了起来，在众目睽睽之下拂袖离场。第二天清晨，人们发现年仅22岁的娜佳已经躺在了血泊之中，她已经饮弹自尽。

一句话断送了一个鲜活的生命，实在是令人扼腕。娜佳虽说有些小心眼，但斯大林也并非没错，他不该在公开场合不注意妻子的面子，所以令结果一发不可收拾。如果他当时对娜佳说："娜佳，你也来喝一杯吧！"事情完全不会是如此悲剧结局。

除了夫妻之间，在生意场上，朋友之间，也要注意考虑对方的面子。

抗战胜利之后，张大千准备从上海返回老家四川，众人设宴相送，并特别邀请了梅兰芳等人作陪。宴会开始，众人请张大千列首位，但是他却幽默地说："梅先生是君子，应坐首座，我是小人，应陪末座。"

众人听了这话十分纳闷，于是张大千解释说："不是有句话讲'君子动口，小人动手'吗？梅先生唱戏是动口，我作画是动手，所以还是请梅先生入座首席。"听毕大家哈哈大笑，并请两个人并排坐了首位。

张大千此举，是主动为梅兰芳做面子，不但让梅兰芳感动，更向人们展示了自己宽阔的胸怀，也令宴会的氛围更加宽松和谐，真是一举数得。可见越是重要的交际场合越要注意顾及别人的面子，假若无法做到这点，就很容易令彼此的关系陷入僵局。

有的企业家在代表公司与另一家公司洽谈合作业务时，不但没有按时赴约，而且他一见面就向对方说："我工作很多，我们快点谈吧，完了我还有其他安排。"这种说法，完全置别人面子不顾，是不尊重对方的表现，这种情况下谈业务自然很难成功。不管对方是大人物还是小人物，给人留足面子，才会让自己的工作和生活游刃有余。

说话，不能直肠子

生活中有一些人总是"快人快语"，不会掩饰自己的情绪，有啥说啥，口无禁忌，嘴无遮拦。假如在一个熟悉的环境里，大家早都知道你是怎么样的人了，知道你是个直肠子，不和你计较。但是如果地方很陌生的话，与不熟悉你的人，不分场合地点，不分谈话对象，一律口对着心，心里想什么就说什么，或许人家就会对你产生不同的看法。由于各种限制性的原因，你不能保证你想得都对、说得都对，而且不同的人也有不同的接受方式，不分青红皂白、不讲究方式方法的直言快语，都会造成无法想象的后果：轻则使人下不来台，重则造成隔阂，遭人怨恨。

张小姐是机关的办公室人员，她性格外向，爱说爱笑，快人快语。只要有事问她，她讲话总是直来直去，而且喜欢揭别人的"短处"。有一次，部门里面的同事穿了一件新衣服过来，别人都称赞"漂亮""合适"，当别人问她对新衣服的看法时，她便毫不犹豫地回答说："你身材太胖，不适合。这颜色这么嫩根本不适合你这个年龄的。"

这话一出口，那位同事一下子就僵住了脸，而周围那些说衣服多好多好的同事也很尴尬，因为张小姐把他们不敢说的话都给说出来了。虽然有时她也很为自己说出的话不招人喜欢而后悔，但她总是会很自然地就把实话给讲出来了。久而久之，同事们把她排除在集体之外，就很少再和她说些什么事情，她也成了这个办公室的"外人"。

英国思想家培根说过："交谈时的含蓄与得体，比口若悬河更可贵。"做人正直很重要，但这和直言不讳不是一回事儿。

说话含蓄，是一门艺术。同样的意思，换一个角度，表达得不那么直接的话，听者会觉得很受用，并且等你后来慢慢咀嚼就会觉得很有意味，因而也就越有吸引力和感染力。同时，对那些存在矛盾和意见的人讲话时，还会使矛盾在委婉之中自然而然地化去火力。在不激化矛盾的情况下解决矛盾，还会增加人与人之间的和谐度，使自己的说话方式被他人更好地接受。

因此，在有些情况下，如果直接地把事情告诉对方，可能会伤及他人情感，如果委婉地将其表达出来，便可免去伤和气的事情发生。比如，你搬来了一位音乐家邻居，这位音乐家经常练琴到深夜，影响了你的休息，并且你跟他没有过多的交往，自然不好正面提出你对他的意见，你可以告诉他，这楼板的隔音效果太差了，那么对方就知道你是什么意思了。

有些时候因为礼仪的关系无法直接地说出某些话，可以"绕圈子"。中国是众所周知的"礼仪之邦"，加上汉语的博大精深，在用语言交往时，人们习惯于将话语更贴切更得体地讲出来。比如在私人场合，与知己朋友说话时，可以直来直去，即使讲错话了也没有关系。但在公共场合，和关系一般的人交谈时，特别是在晚辈对长辈、下级对上级、接待宾客时，讲话就要特别注意分寸。此时为不失礼仪，采用外围战术，即转移重心聊一些其他不重要的事情，也即人们常说的"弯弯绕"。跟你交谈的人会领会到你是在为他着想，或者感到合情合理，这就容易达到自己需要的效果。

　　某家旅店的服务员，看到有一位姓何的夫人在前一天晚上就结账了，可到今天还在房间里，可是这位夫人恰好又是经理的好朋友，怎么办呢？如果直接问人家何时离开，就显得不礼貌，但如果不问，又怕何夫人赖账。

　　大家商量决定由一位很善于与人交流的李小姐去和何夫人交流交流。李小姐敲开了何夫人的房门，说："您好！您是何夫人吗？""是啊！您是谁？"李小姐回答说："我在公关部，您都到这好几天了，我们一直没有过来看您，真是不好意思。听说您最近几天身体不是很好，现在好点了吗？""谢谢您的关心，好多了。""听说您昨天就结了账，今天没有走成，这几天天气不好，是飞机取消了吗？那我们可以帮您做点什么吗？""非常感谢！昨晚结账是因为我的朋友今天要返回，我不想积太多账，先结一次也好，大夫说，我的病还需要一段时间的观察期。""何夫人，您不要客气，有什么事只管吩咐好了。""谢谢！有事我一定找你们的。"

　　我们看，派李小姐去和何夫人谈话，目的是要弄清楚她到底是走还是不走。如果不走，就要搞清楚原因。但是这样的问题不好直接开口，弄不好既得罪何夫人，又得罪经理。李小姐很善于表达，先是寒暄一下，然后又问何夫人需要什么帮助，体现出一种关心的姿态，使何夫人深受感动，很自然就把留下来的原因说出来了。可是，如果李小姐直接问何夫人房费的问题，就可能会让何夫人有点难堪，以至于无意中也得罪了经理。

由此可以看出，间接地表达意思有时候也会有意想不到的收获。无论是在生活中还是工作中，对于那些不能直接表达但却不得不说的话，可以考虑这种"绕圈子"的方式，这样既不得罪人，又达到了自己的目的，其实那也是一种礼貌的方式。需要说明的是，绕圈子绝不等同于猜谜语、说隐语，它是曲径通幽的说话方式，最后是要让对方明白自己的意思。如果绕来绕去，把对方引入迷魂阵，或者绕得太远，没有让对方明白我们的意思，反而浪费时间，甚至给对方留下啰唆、虚伪的印象。所以，在具体运用时，大家要具体情况具体掌握。

"模糊表态"才不会给人落下话柄

不可否认，讲话坦白能给别人留下好的印象，明确而坚定的表态也给人以自信的感觉。 但是当我们在做决定时如果总是轻易地使用"绝对""一定"等字眼不留余地讲话，那就不是正确的做法了。 有心计的人知道，一旦话说了出来就很难再收回去了，为了避免别人抓住你的把柄，他们大多会选择用"模糊表态"的方式以留后路。

模糊的表达方式也不失为一种好方法。 对于不必要、不可能和不能把话说绝对的态势，就要选择模糊的表达。 我们要随机应变，有时模糊语言就显得尤其重要。

从前，有三个考生去赶考之前曾求教于一位著名的算命先生。三个人把自己的情况说完之后，算命先生故作神秘地伸出一个手指，闭眼沉默片刻，三个人待要追问，算命先生曰："天机不可泄露。"待到第二年他们又去拜访那位算命先生，连称其神。因为三个人中只有一个人考取了进士，当时算命先生伸出一个手指不就这个意思吗？但算命先生却有他自己的秘密：如果两人包括在这三个中，也有可能是其中之一不中的意思。如果没有一个落榜，那么伸一指就表示没有一个不中，因此不管最后结果怎么样，算命先生都是正确的。

在生活中，有好多为人处世精明的人都在模糊地表达自己的想法。比如，在接受别人的谢意时，在索取自己报酬时，在表达爱意时，甚至在骂人时都表现出含糊不清的样子，这样的含糊不清保住了他们的修养和面子，还不至于把话说太死。

或许每个人都会有这样的经历：假如某人询问你事情，你不便回答而又不得不回答；人家针对某些事情来征求你的建议，你赞成不是，不赞成也不是，甚至两面都不讨好。此时你不妨来个语言太极拳，即利用模糊的语言做出较为含糊或宽泛的回答。这样做比较容易脱身，能够体现自己的良好修养也显现出自己的机智和敏锐。如果遭到别人似是而非问题的刁难时，千万要让自己的嘴控制好，绝对不能胡言乱语或与人抬杠，含糊其辞是最好的表达方式。

客家有句俗谚："人情留一线，日后好见面。"很多尴尬的事情都是由于自己不经意间造成的。其中有一些就是因为话说得太绝造成的。凡事要三思而后行，才能给自己留条后路。在外交上这是用得最多的。每个外交部发言人一般都不会给出绝对的回答，要么是"可能，也许"，要么是含糊其辞，以便一旦有变故，可以有回旋余地。一个人成不成熟，可以看他说话是否绝对。

当然，生活中并不是所有人的思想都成熟老练，还是会有人讲话很绝对。总觉得自己的见解没有错，甚至不用争辩，便马上盖棺定论，不留余地。可是，把杯子留出空间，是为了轻轻摇动时，不会溢出液体；气球留有空间，是为了不会因轻微的挤压而爆炸；任何事情都应该要留有一定的空间，这不仅是给别人方便，而且当你没有达到自己的预期目标时，压力也不会太大，别人也不会太责怪你。

有个公司的产品部经理在每项产品进行市场预测的初期，总会召开很多的会议，还经常会叫上销售部和设计部的成员对共同的问题进行探讨，而且会征求其他员工的建议。

"初生牛犊不怕虎"，开会的时候，刚来不久的两个美女员工李聪和张珍都对自己超前的思想作了表达，这也得到了公司相关部门的认可。但在对自己想法阐述时，两个人还强调如果按照她们的方法成功是势在必得的。产品部经理立马就表示要李聪和张珍共同针对此来设计出详细的策划，公司会对她们的提议认真考虑。此话一出，李聪和张珍欣喜若狂。作为新人的她们能得到领导如此重视，都觉得自己很幸运。但是在这项新产品的制作过程中问题频繁出现，整个公司也跟着紧张起来。

事后，公司在解决这件事情的时候，都把矛头对准了李聪和张珍，而本该为这个项目负责的产品部经理和所有参与产品研讨的销售部经理、设计部经理却都相安无事。最后李聪和张珍被炒了。其实，事外的人都知道其实领导也有一定的责任。因为正常来说，领导对公司的发展和重要决策应负90%以上的责任。但这次新产品出了问题，领导们却没有承担责任，而是拉出了李聪和张珍这两个替罪羊，原因就出在产品部经理在她们共同写的计划书上，说了要给她俩参考的意见，给自己留了条后路。当然，如果出现问题，文字东西便是证据。

她们俩本身也存在问题。她们的说话方式不够"模糊表态"，最终给人留下了话柄。开会的时候她们将自己的想法说得很清楚，但却没必要在后面加上"按照这个方法来做就会百分之百成功"这样的话。这种对未来不确定事件的过分肯定，太过于自信，也注定了她们最后会自讨苦吃。一旦公司追究责任，产品部经理只要把李聪和张珍共同写的计划书一交，自然就可以声称自己与此事毫无关联。

用不确定的词句一般都可以降低人们的期望值，如果你不能达到别人的期望值，人们因对你期望不高而能用谅解来代替不满，甚至有时候也会看到你的努力，不会认为你一无是处；你若能出色地完成任务，他们往往喜出望外，这种额外的惊喜是很利于你的人际关系的。

把话说得太满，这并不一定是自信的表现。 话说七分满，反而是一种谦虚的态度。

第四章

解开心理密码，就能赢得人心

他人之恩不可忘，施予之恩切谨记

《战国策》中有一句名言："人有德于我也，不可忘也；吾有德于人也，不可不忘也。"主要是说别人对自己的恩情，不可以忘掉；我对别人有恩有好处，不能不忘掉。这正是人们相处的王道。

帮助朋友时他们会说："哎呀，可太谢谢你了！""咱哥俩谁跟谁啊，没事！"这其实就是帮助了人，却又不把这份帮助放在心上，这会让朋友对你更加感激。因为一般来说，朋友找你办的事，都是他所办不到的，如果他能办了，也就不会来找你了。所以，你若办成了，就要学乖点，不能以此自夸自大，更不要铭记在心。

你应该轻松点，不要把这份恩情放在心上，就像这件事情从没发生过一样，朋友就会对你更加器重了。当然你不能老坐等朋友过来，而应该主动送"货"上门，把人情送给正需要你的朋友。这也是人际交往中的大智慧。

胡雪岩在资助王有龄进京捐官时，用的就是这种技巧。当时正是王有龄穷途末路的时候，胡雪岩就这样慷慨相助，王有龄自然对胡雪岩无限感激。而胡雪岩这次拿出钱来"赌"，用心良苦，以求一搏，但并不把这种着急之情表现出来。

胡雪岩不仅资助了王有龄 500 两银票，而且想得非常周全。为了王有龄路上使用方便，胡雪岩还将这 500

两银票兑换成各种面值的票子。这时王有龄才明白自己遇上了贵人，却连贵人的一点信息都没有，便连忙询问。

胡雪岩只说了自己的名字。王有龄又问起了家庭方面问题，他也只说了一句"凭一点薄产度日，没什么说头"便岔开话题，不肯再多说。在知道王有龄要动身后，胡雪岩便与他约好后天再见，为他饯行。王有龄满口答应。

到了约定的时间，王有龄来到了上次见面的地点。但是一直等到天黑，仍然不见胡雪岩的踪影。他甚至都不知道胡雪岩的家在哪里，只好再等。直到夜深客散，茶馆收摊子时，这才把王有龄撵走。他已经雇好了船，也不得不走了。他非常痛恨自己连走之前都没有见恩人最后一面。

但是胡雪岩这一招是很有学问的，他这一手真是漂亮极了，助人于危难之中，却又悄然离开，令王有龄久久惆怅。

胡雪岩擅自借款给王有龄，自毁数年来苦心经营的钱庄前途，一家老小将生计无着，穷困潦倒。然而，他却能表现得很从容大度，不能不令人敬佩。假如换成其他人，则定会跟王有龄说，等他有朝一日，不要将他忘掉。如果这样的话，王有龄即使再对他感恩戴德，也会心里很反感的。难怪有人称胡雪岩为神人。

由此，王有龄发迹归来时，便念念不忘恩人胡雪岩，总想报答胡雪岩的恩情，却苦于无处寻觅。因为胡雪岩并没有把家庭地址告诉王有龄，因此，王有龄几次寻觅，都无果而终。但越是寻不着，其报恩之心也就越切。

当时的胡雪岩生活很清贫，只差一步就要到讨饭的地步了。但即使如此，他也不主动寻上门。不用问，这时的王有龄，自是很思念胡雪岩。

"他人有恩于我，不可忘也；我有恩于他人，不可不忘也。"帮助了朋友，却不把这件事情铭记在心，让对方知道的话对方会更加感恩。因为一般的人帮助朋友，求的都是报答，这也是人之常情。但你伸了援助之手却大恩不言谢，不求对方报答，对方就会被你深深地感动，因此会把你当成真心朋友来对待。当然，这并不是要你真的"忘"掉这件事，而是要你不要把它放在心上、嘴上，表面上看起来应该是这样。

气味相投和优势互补的朋友都重要

在美国的硅谷，就有这样一条"规则"：有两个 MBA 和 MIT 博士组成的创业团队可以说是获得风险投资人青睐的最好保证。 不管这说法是否真实，但里面却蕴含了这样一个道理：做生意做事业都要选择合适的人才，要注重优势互补。

这一点在我们结交朋友时也需要注意，我们不但要与志趣相投的人交朋友，还要结交一些可以优势互补的朋友，这样事业才会更上一层楼。 这里的优势互补既是指性格，也是指才能，当然也是指行业。 这同样是我们交友的原则之一。

人们交朋友一般都喜欢找那些性情、志趣比较相近的人；其实这是有狭隘性的，对自己的帮助也是有限的。 倘若以互补性来讲，选择那些自己在某方面有缺陷，而对方又很在行这一条件来交朋友，就会使你在生意和做事上能够取人之长、补己之短，生意也会越做越好，这就是所谓的"立体交叉"效应。

这里所说的立体交叉，可从不同视角分析一下：从道德的角度来讲，就是不仅与那些比自己德高性善的人交际，也要和能力不如自己的人交往；从性格的角度上说，就是不仅与那些性格意趣相近者交际，还要和与自己个性不同的人交往；从专业知识的深度来说，就是不仅要与文化、专业类似的人交往，还应发展与那些不同文化层次、不同专业行业的人的交际。 通过与这些不同类型的人交往，尤其是那些与自己互补类型的人物交往，你获得的信息会更多，并且一定会有助于你的事业。

有一位著名的企业家，在为自己挑选助手时，就很喜欢选那些与自己个性截然不同的人。 例如，他自己常常横冲直撞、不顾小节，他便挑一些考虑周全，但是不肯轻易行动的助手；他自己是一个刚毅果敢的实干家，他的助手就是个能说会道的理论家；他给人的印象是温和愉快，他的助手会比较冷峻；他的发言流利、圆滑，并夹杂着些许幽默，他的助手说话会比较犀利一些。

正因为他们的个性和才学互不相同，合作时才可以互相补充，因此产生惊人的力量，不仅使企业避免了很多错误的决策，而且业绩也直线上升。 这位企业家深知这一点，所以经常对他这位助手说："我这辈子能遇见你，真是觉得十分荣幸。因为只有你才能完成我不能完成的事情。"

可以看出，有很多种类型的人，比如动力型、开拓型、保守型、外向型、内向型等等，而各人又有各自独特的、他人无法替代的优势和长处，只有将每个人的优势和长处，根据自己的情况加以互补，构成有机的整体，实现优势互补，才会收到最好的效果。 要想做到这一点，你就得认识更多的优势互补的人。

在互补方面，有一种人是必不可少的，那就是老年人。 一般来说，青年的个性很像没有管教好的野马，藐视既往，目空一切，好走极端，勇于改革而不去估量实际的条件和可能性，结果因为缺乏经验又急于求成导致改革失败，思考多于行动，议论多于果断。 为了弥补这一缺陷，你就需要找一些"忘年交"，从老人身上取经学经验，比如坚定的志向、丰富的经验、深远的谋略和深沉的感情。 而且老人已经积累了很多人脉，可以适时运用他的人脉帮助你。 因此在你的人际圈子中，老年人是必不可少的。

借朋友钱不如给朋友钱

我们很多人都有这样的经历：一天，好友突然来电话，要向你借钱，而你一下子不知道该如何是好。借，还是不借？在现实关系中，很多人都遇到过这种难题。

真的不是因为小气，而是钱借了出去，以后该怎么办。原来说好借三个月，现在三个月的期限到了，或者你要急用钱，人家却没还给你，或者没钱还，你该怎么办？你一定会想，朋友本来就是因为自己解决不了才找你帮的忙，如果自己去催债，那也太没有人情味了，自己又哪来的勇气说要钱呢。真要开口催债，不就伤了彼此的感情了吗？可是如果不去要，这钱什么时候回得来啊？可是如果不借吧，道义上说不过去。朋友有困难才找的你，你却对此视而不见，那么两人的感情还能如当初吗？因此，到底该不该借钱给朋友，让很多人伤透了脑筋！

当然，有的朋友会多为对方考虑，他们是有借有还，甚至还要还本付息，往往不等你开口就会把钱还给你。但是有的人却不是这样，他们会在借钱之后便把这件事抛在脑后，好像根本没有发生过一样，让你不明白是怎么回事。坦率地说，不管把钱借给什么人，潜在的危机都是存在的。倘若他三番五次地问你借钱，就说明他的经济不是很好，你又该怎么办？这样旧的还没还，新的又借了，你不怕吗？

曾经有一个企业家，朋友向他借钱做工程，但是工程完工后朋友却说公司还没有偿还能力，因而拒绝还钱。这个人虽有借条但也要不回来钱，只好将朋友告到法院。 官司是赢了，但朋友还是不还钱。 结果这位企业家既丢了钱，也丢了朋友。像这样因为借钱而伤害感情的事实在太多了，我们应该尽量避免。

可是，朋友的关系你不能破，而且一旦朋友有求于你，你也绝不能置之不理。 那么，到底该怎么办才最好呢？ 最好的办法是：干脆把钱送给他，而不是借给他。 因为把钱送给朋友，钱可能收得回来；但是如果借钱给朋友，这钱估计是有去无回的！ 这正是借钱不如送朋友钱的道理。

这里面主要有两层意思：

第一，从心理上讲，你表面上是借钱给他，同时也讲明了归还期限，但是一定要内心告诉自己这个钱就算是送给他了，他能还就还，不能还就当是给他的。 这种态度可以带给你很多好处：第一个好处是不会破坏二人的友谊，你也不会因为对方还不起钱或不还钱而难过；第二个好处是不会置朋友之情于不顾，不至于让别人认为你是一个自私自利、小气吝啬之人；第三个好处是做好了朋友该做的事情，帮了他的大忙，这会让他心存感激，他日后肯定会找个机会还回来。

第二个意思就是你是发自内心的要帮他、给他钱。 也就是说，他虽然是来向你借钱的，但是你应该让他明白这钱你给他了，要帮他解决困难的，而并不希望他还钱。 这样做也有很多好处：第一个好处是他以后就不大可能再向你借钱了，因为他会不好意思了。 你也表示了自己愿意帮助他，不要朋友要多少就给他多少，而是打折给他，万一对方真的还不起钱，或根本不想还钱，你也可以减少损失。 其他的好处很类似上面说的，你兼顾了朋友间的情和义，同时也在对方心中种下了一颗恩与义的种子，这个人情他总是要还的。

事实上，不管是借还是给，钱能否还回来都不确定。 我们之所以说给朋友钱，钱收得回来；借朋友钱，钱收不回来，是基于这样一种想法：钱只要掏出去，就有回不来的可能。 因为对方本来就是没钱才问你借的，所以既然知道有可能回不来，干脆就不再抱希望，免得去催债，既伤感情，又难过。 而直接把钱给对方，对方就欠你的人情，这个他总是可以还的。

求人办事要不卑不亢

无论你怎样在乎和朋友之间的关系，你总会忽略一些事情。而且很多人在自己富贵发达之后，就会逐渐与那些状况并没有多大改善的老朋友疏远，甚至会远离这些朋友。因为你们之间的差距越来越大，因此就产生了距离。假如突然有一天你发现某个以前的朋友现在发达了，而自己又想求他办事，那么你该如何处理？

虽然这种事情是被逼迫的，但是你也应该清楚，求老朋友，必然要比求陌生人要好得多；因为你们曾经有过友谊，开口说话总比跟陌生人好开口得多；而且你对他的性格、习惯、秉性又比较了解，办事也会相对简单一些。你也可以因此和老朋友重新建立起关系，给你生意上带来新的希望。

但是，求老朋友比较敏感，不同于其他的关系，你们有好长时间没联络过，现在你是有事才来求人，而且你现在又比较低一些，对方的层次可能较高；这就给双方的交流和沟通增加了一些微妙的元素，因此，你得处理好这里面的几层关系。下面介绍的几种技巧就是需要注意的：

首先，记得带点见面礼去见老朋友。既然有老交情，带礼物也是情理之中的事，也是情感的体现。礼物不在多少、贵重，而是可以让你们多年没联系的感情突然燃烧起来，聊天的氛围也就会比较好。

当然，礼物不同，见了面说的话也应不同。如果是老朋友的嗜好之物，就说"这是特意带给老兄（老弟）的，你喜欢这个东西的"；如果是土特产，就是"这是带给嫂子（弟妹）和孩子尝尝的"；如果是钱，那就得说"这是送给宝贝孩子们的，买一件合适的衣服（或买书）"之类。走进了门，便有机会求人办事了。

其次，你要尽量找各种机会让对方回忆起以前的往事。因为回忆过去，就唤起了你们之间沉睡多年的交情，这种感情才是求老友为你办事的感情基础。当然，这里也有个当与不当、怎么说的问题。不合适的话题，尽量不要提；即使合适的话题，也该注意该如何提起。

当年朱元璋当上皇帝后，有两个年轻时的好友求他赐官。一个说了直话，引起了朱元璋出身的尴尬，结果这个人被砍了头；另一个说话比较含蓄的朋友得偿所愿，享受到了荣华富贵，这就是差别。

再次，要注意以言相激。你们长时间没有来往，这一次突兀而至，对方心里也明白你是有事要求他。他如果不愿帮忙，你刚进门他便摆出一副不太爱理人的脸面。当你把事提出来的时候，他会表现出含含糊糊的拒绝态度。这时，你可以使出最后一招，要时不时地以言相激，也许可以扭转对方态度。比如你可以说："我知道你有能力办成这个事情才找你的，要不然，我也不会过来给您添麻烦。"

不过，以言相激也必须要掌握分寸，倘若是对方真没有这个能力，你也不能太苛求人家，让人家为难，更不能把话说得太绝，那样的话你们的关系就完了。所以，只有你确定对方是不太想为自己找麻烦事时，才可以以言相激，逼着他去办。

最后，你还应该学会以利益驱动。倘若你知道办这个事情比较困难，或者对方是一个见钱眼开的人，那么即便事情解决了，你也会欠下一个天大的人情。 这样的话，你就应该学会和他合作，以利益驱动对方。 你可以跟他挑明，事成之后，给对方多少多少好处。 他愿意最好，如果他不好意思接下来，你就可以撒一个小谎，说这个事情不是为自己办的，事后可以怎么怎么样。 这样，对方就会很坦然地接受，你就不会一直欠别人这个人情了。

总之，因为是旧交，所以什么话应该说，什么话不应该说，什么事该做，什么事不该做，你心里一定要有数。 既要打动对方，让他为你办事，又不能表现出自卑感，让他看不起你。 这样不卑不亢，比较自然一些才会得偿所愿。

朋友之间需保持持久联系

有事的时候找朋友，人皆有之；没事的时候找朋友，你可曾有过。

很多人都有过这样的经历：当自己遇到了困难，觉得某人有能力帮自己时，本想马上去找他；后来想一想，以往本来要去看他的，结果却都没有去，现在有求于人了就去找他，是不是太唐突了？会不会出现因太唐突而被拒绝呢？但是这有什么办法呢，为人交友，就应该常常联络才对。缺乏了必要的联系，时间一长，再牢靠的关系也会变得松懈，再好的朋友也会渐渐地生疏起来，到时候再去求人办事做生意，就会有很多隔阂和不快。

所以，即使你现在不需要他人的帮助，你都应该和朋友多联系。如果你只在需要他们支持的时候，或者很渴望得到他们帮助时，或者需要他们为你引荐关系的时候才想起与他们联系，那么很快他们就会明白，你只是在利用他们；此举不但会影响原本的关系，还容易损害你们已建立起来的关系。有事没事多跟朋友联系，会给你的事业带来很多机会。

有一个业务员和一个客户，他只能在每年从八月中旬开始到九月底为止的这段时间里见到他，这是因为客户公司在这段时间要整理财务报告。还有就是每年五月的一天，当客户把纳税申报单带到办公室来的时候。业务员说："除此以外，我们从来没有联系过。"

这天，业务员突然一想，邀请了那位客户一起吃午饭。他回忆说："我们一点也不要谈生意上的事情，这一点，我有言在先。我发现，我们都很钟情于一位作家。之后，我发现了一位新作家，他的作品和我们喜欢的风格很像，在我家里有这位作家的书，我就想把它们送给他。我把书带到办公室，包装好了以后寄给了他。"后来，他们两个又经常在一起谈论这个作家以及其他的一些话题。业务员后来没有想到，他从这个客户这里竟然又接到了很多单生意。尽管那次午餐只是临时决定的，却给他的业务带来了更多机会。

还有一个业务员，他会每季度寄给客户东西。他给他们寄去的不是销售广告信息，而是与客户相关的其他消息。比如，他从报纸或杂志上看到一篇和他的客户事业有关的文章，那是关于他们所处的行业的，他觉得客户会很有兴致，于是就把文章寄给他们。在客户生日的时候，他会给他们打电话，会寄生日贺卡。通过这些"琐碎"的联系，他和客户的联系很多，当业务员有事找他们时，他们总是乐于合作，他们也很热衷地介绍业务给他。

关系的建立和发展自有其自己的规则。你和朋友联络得越多，关系也就越深厚，你从中得到的也就也越多。而且积极的、牢固的关系包含着给予和收益的双重内容，如果你在不需要他们的时候还是持续保持与他们的联系，当你真的需要帮助时，他们自会很主动地帮助你。经常和他人保持联系，即使你的联系方式很简单，比如一声问候："你好吗？""你的孩子该上初中了吧？ 成绩怎么样？""什么时候来我这里，我们一起吃午饭怎么样？"等等，或者一个简短的短信、邮件等，都会让他们觉得亲切。 日后当你真的需要他们时，他们也不会觉得太突兀，因为你已经做足了朋友之间该做的工作。

所以你要记住：闲时多烧香，急时有人帮。

学会维护朋友的自尊

我们很多人都有这样的经历：当我们伸出援手帮别人时，我们会感觉很愉快。但是，我们有没有想过对方是什么感受呢？特别是我们的帮助有点过头时。

倘若我们偶尔受过别人帮助几次，我们会对他非常感激；但是在有些时候，对于一个受到过他太多恩惠的人，我们往往会视为应该的。为什么会出现这种情况呢？因为我们受到别人的帮助较少时，心里的感觉只有对他的感激；但是若我们接受帮助太多的话，我们的自尊心在无形中就会受到伤害。同样，我们提供帮助太多，他也会产生这种心理。

当然，对于那些发生在日常生活中的种种关怀，那些不需要我们给予回报、出于对我们表示尊敬的友谊行为，这种想法就不合适了。因为这种对于我们的殷勤，显然表示了我们在别人眼里是一个重要的人物，这种帮助不仅不会让我们心里难受，反而会使我们感觉到愉快。所以经常给别人一些这样的殷勤的关心，倒是可以让别人对你有很多好感。

但是，如果你对别人的帮助过了头，会显得别人很无能，引发了他的自卑感，就会导致他为自己的"没有出息"而苦恼。倘若这种苦恼很困扰他，他就会把这种烦恼的原因归结到让他陷入这种处境的人，即帮助他的人身上，形成以"怨"报德，对提供援手的人心生厌恶感。从这个角度来说，帮助别人太多也不是个好的办法。

所以，在帮助别人的时候，尽管初衷是好的，但是你仍然应该采取一些委婉而巧妙的方式，既要帮助人，又不能过分刺激人，以维护对方的自尊心。 这样双方的关系才能走向正轨，你的事业也会不受阻碍。

有一个著名的广告商，就曾有过这样的经历。

他的一位好友从事工程师的工作，他给他好友的生意提供过很多帮助。但是后来他却发现，这位好友在有意地疏远他，甚至就快要背叛他了。广告商当然不能坐视这种局面继续下去了，可是他就弄不明白里面到底出了什么问题。他认为自己对这个朋友并不错啊，在他需要帮助的时候他都会伸出援助之手，使他渡过了难关，可他们的关系为什么不如以前了呢？

有人向他提了个建议，他觉得很有道理。这是因为他提供的帮助有点多了，所以刺激了他的自尊心，让他心里对自己没有了自信，因此心情很郁闷。于是，广告商想了个办法，他诚恳地邀请这位朋友做他新建房子水管系统的设计总监，并希望他能提出一个具体方案。

这位工程师爽快地接受了这一邀请，勤奋地工作起来，提出了很多有建设性的意见，并把他设计好的方案交给了广告商。从那一天起，他们俩的老交情又恢复到了往日的状态。广告商利用水管系统的设计工作让朋友找回了自信，才挽回了双方的关系。

此外，在帮助别人时，你的态度绝不能高傲，否则即便你最终帮助了他，你那居高临下的姿态也会成为他心中的刺，导致俩人的友情变质。 所以，你应该时时提醒自己，不要伤及对方面子，否则，你提供的帮助也没什么用。 此外，有以下几点需要注意：

一是要让对方觉得接受你的帮助并不是个包袱；

二是要做得自然，也就是说在你提供帮助的时候对方可能没有立刻就感觉到，但是日子越长越能体会出你对他的关心，这个状态是最好的；

三是帮忙时要高高兴兴，不可以心不甘情不愿的。 倘若你自己都在犹豫要不要给对方提供帮助，意识里存在着"这是为对方而做"的观念，那么一旦对方对你的帮助反应也很小，你一定会大为生气，认为"我这样辛苦地帮你忙，你还不知感激，太不识好歹了"，这种想法最好不要冒出脑海。

朋友会真正地为对方着想

胡雪岩之所以能够广结善缘，有很多的人愿意为他效力，一个重要的原因就是他在为人处世时总是为别人着想。他自己都这么说："前半夜想想自己，后半夜想想别人。"

王有龄做上浙江海运局"总办"后，碰见一件不好办的事情：海运局负责朝廷每年征收的粮食运往北京，原本是通过河道运输粮食，但由于运河年久失修，加上干旱，沿路漕运不畅，粮食久运不出，朝廷已经开始严词催逼。倘若王有龄不能如期把粮食运到，后果可想而知。

胡雪岩就给出了一招：到上海就地买米，然后海运到北京。王有龄甚为高兴，于是便由胡雪岩出面，带了20万两银子，和人一同前往上海。打听到上海松江漕帮的通裕米行有十几万石大米刚好够数后，胡雪岩他们就来到了漕帮。胡雪岩事先打通了松江漕帮当家人尤五的师父魏老爷子的关系，讲好条件就是把他们的米先垫给海运局，到时仍旧归还米。

但是尤五却有很多难处：这次垫付数倒不是问题，眼看漕米一改海运，漕帮的处境异常艰苦，无漕可运，收入大减，帮里弟兄的生计，要设法维持，得想点别的办法才行，哪里会不需要大把的银子。他们都把希望押在这十几万石的粮米上了。如今垫给了海运局，虽然有些差额，但将来收回的仍旧是米，与原本自己想的脱困方法就不一样了。

胡雪岩察言观色，知道尤五有难处，便诚恳地说："五哥，既然是一家人，咱们无话不谈，如果你那里有难处，不妨实说，大家商量。你们为难的地方我们肯定会想办法帮您解决。我们不能只顾自己，不顾人家。"

尤五便感激地说道："爷叔！你老人家真是体谅！不过老爷子既然已经发话了，您就不必操心了。今天头一次见面，还有张老板在这里，先请宽饮一杯，明天我们就按说好的办。"

但是胡雪岩并不这么觉得，他很认真地说："话不能这么说！不然于心不安啊，五哥！我再说一句，这件事你们做起来不为难才行，如果勉强，我们宁愿想别的办法。在江湖上走，决不能让朋友为了难。"

尤五沉吟了一会儿，终于讲出了自己的难处。胡雪岩听后立马一起想办法，请信和钱庄放一笔款子给漕帮，帮他们渡过难关，将来卖掉了米再还。张胖子很爽快地答应贷款10万两银子，尤五一直担心的事情也尘埃落定，同时也更加佩服胡雪岩的为人。胡雪岩人情练达、处事周到，善于为他人着想，帮人帮到实处，让对方对他很是佩服和欣赏。

做事总要为朋友着想，这是商海中与人相处的首要原则。一个人要想有更大的作为，做事前就应先站在别人立场上想问题，要设身处地地想一想对方的利害得失与困难，再作出自己的决策，让决定既利于自己，也避免损害对方的利益，使对方更容易接受，从而乐于与你合作。

多为对方着想，才能赢得别人的信任，赢得别人的尊重，赢得对方的友谊，并为自己树立良好的形象，让我们的生意发展的机会多起来。

共同体验有利于缩短人与人之间的距离

世界经典爱情名片《魂断蓝桥》的开头还记得吗？ 第一次世界大战期间，在滑铁卢桥上，拉响的警报声一声比一声紧急，即将奔赴法国战场的英军上校罗依·克劳宁遇到了舞蹈演员玛拉，他们同时进入防空洞躲避。 在拥挤的人群中，四目相对的他们，爱上了彼此。

无须说，这就是一见钟情魅力的体现，其实，也体现了共同体验的魔力。

共同经历危险的两人，自然而然产生了特别的亲密感，彼此的关系就此发生了质变。

也许有人会说，这是电影，是艺术，不是现实生活，那么，让我们看看下面这个真实的故事吧：

有一对青年男女，高中同学三年，关系很是一般。进入大学之后的第一个学期并无任何联系。然而，大一还未结束，两人就开始恋爱了。

传出两人恋爱的消息时，同学们都震惊了，因为这事来得太突然。在此之前，没有谁察觉到一点儿蛛丝马迹。后来，还是这位男生自己爆料事情的缘由，大家才清楚。

原来，大学第一学期暑期放假期间，高中同学聚会，去爬山的十几个人中也包括他们两个。下山时已近黄昏，刚好遇到了一群地痞上山，他们似乎喝醉了酒，不知为什么双方就开打了。男生们让女生们先跑，这名女生体质差，跑得慢，落在了后面，这个男孩就拉着她并帮她拿包，两人一起跑到了山的另一面，最后与其他同学失散了。

后来，两个人摸黑下了山，女生被男生护送回家。此后，两人开始交往，返校后互通书信，关系一天天好了起来，水到渠成地成了恋人。

想想也是奇怪，偶然拥有私密的共同体验竟促成了两人的终身大事。

在日常生活中，经常可以见到两人的关系因共同体验某件事情而贴近的例子。比如：重修旧好，冰释前嫌的两兄弟，原来是在父母面前一个替另一个撒谎，使其免于挨打。两个同学关系特别好，原因是一个人的作业被另一个人抄了，但未向老师告发。两个同事突然好了起来，原来是不久前单位组织外出，在旅馆的电梯里两人被困了半个多小时。诸如此类的行为，两人共同经历了只属于他们的同一事件。通常，这种私密性越高越特殊的共同体验，两个人的关系也就会越亲密。

这是为什么呢？从心理学的角度来讲，当人遇到困难时，会有一种"喜欢自己"的心理在其潜意识里产生。所以在这种爱自己的延长线上，就会有强烈的喜欢与自己有相似点的人的潜在心理。利用这种心理作用，从彼此间共同拥有的经历中，对他人的好感就会爆发出来。有时，因为拥有共同体验，即使是双方比较生疏、甚至彼此含有敌意，也可能彼此之间认同、成为知己。

《红楼梦》中的黛玉，性格孤傲清高，看到宝钗和宝玉在一起时，便会心生嫉妒，把宝钗视为"情敌""心腹之患"，因而每当有机会，黛玉总要对宝钗贬损一番。但是宝钗总能巧妙地化解。

有一次，贾母与一干人在玩乐猜拳行令时，黛玉无意中说出了几句《西厢记》和《牡丹亭》中的艳词。这类剧本在当时可是禁书，读禁书、说艳词怎能是黛玉这样的名门闺秀所为，这会被人指责为大逆不道。好在许多读书不多的人没有听出来，但是宝钗却听出来了，然而宝钗却没有感情用事，贪图一时痛快，让黛玉无法下台。相反，她认为这是一个绝好机会来化解她和黛玉之间的矛盾。

宝钗在无人时把黛玉叫住，冷笑道："好个千金小姐，好个尚未出阁的女孩儿！满嘴说的是什么？"让黛玉感到这是一个严重的问题。黛玉只好求饶说："好姐姐，你千万别与别人说，我以后再也不说了。"

宝钗看到满脸羞红的她，就没再追问下去。宝钗还设身处地、循循善诱地开导黛玉："在这些地方要谨慎一些才好，以免授人以柄。"黛玉听着话垂下了头，心中暗服，只有答应一个"是"了。

此后，宝钗守口如瓶，黛玉失言之事未向任何人透漏。也就是说，这事除了黛玉自己和宝钗，只有"天知地知"。由此，黛玉对宝钗的成见也化解了，两人后来竟然因此成了知已。

可见，改善与上司、同事、朋友的关系比我们想象得要简单得多。只需我们寻找机会、创造机会，共同体验一回。

学会用细节和举止赢得人心

把一个细节做到位，对方就可能被你感动、征服；如果有一个细节没有做到，这一段关系你就可能失去。我们先来看正反两个方面的例子。

一家公司要添置 200 万元的办公家具，有一家家具公司被公司总经理选中。一天，该家具公司的销售主管打来电话，说要拜访总经理。总经理认为已经下了订单了，等销售主管过来以后只需在订单上盖章就完成了。

可是销售主管来的目的并不是为了这张订单，他还打听到该公司职工宿舍楼即将落成，希望该公司能购买他家的家具用于职工宿舍，所以他带着一大堆资料，摆满了总经理的桌子。当时总经理正好有事，这位主管就让秘书来接待。秘书递给主管一张总经理的名片，与他攀谈起来。等了一会儿，他看到总经理确实太忙，只好收起资料说："我改天再来打扰吧。"

在主管收拾好资料要离开的时候，总经理忽然发现他不小心把自己的那张名片掉在了地上，并且在转身时又不小心踩了一脚。这让总经理感到很不快，他随后就让秘书取消了与这家公司的订单。结果这名销售主管就是因为这一小小的失误，不但失去了一张即将到手的订单，而且使这家公司永远失去了与对方做生意的机会，其教训可谓深刻。

还有一个例子，是通过细节服务赢得顾客的。

有一家西服专卖店开在马路边，炎热的夏季是西服销售的淡季，前来购买的顾客很少。一天中午，有一位顾客进了店里，在衣架前慢慢浏览，不时地摸一摸、看一看，正在犹豫不决时，店员李小姐走了过来，耐心地为他介绍西服的款式、面料。很显然这位顾客开始动心了，说要试试衣服，同时脸上又流露出了怕热、嫌麻烦、不想试的表情。聪明的李小姐急忙在空调底下把西服吹了一下，然后递到顾客面前让他试穿。售货员的细心、耐心打动了那位顾客，顾客试穿了西服之后，很爽快地把那套西服买了下来。

这两个案例告诉我们其实人际关系十分简单，但同时也很复杂。简单的是，有时候只要你的一个细节把对方打动了，就可以赢得对方的心，赢得一个大客户。复杂的是，你只要有一个细节没有注意，给对方不被尊重的感觉，或者使对方受到了歧视、侮辱、敷衍了事，那么他对你的感觉一定不会太好，也就结束了你们的关系。关系结束了，生意自然也就结束了。

因此，在和陌生人初次交往时，一定要注意各方面细节，你对他的关心、钦佩和喜欢要通过各个细微之处表现出来，要试图感动对方。要知道，对方因为和你还不熟悉，只能从你的各种行为表现上来推断你对他的认可程度、态度、你的为人处世方式以及性格等，而你所做出的各种细节正是他判断你的重要依据，在细节上如果你能征服他，在内心深处他就会主动接受你的。

一个保险公司的业务员到一个客户家去拜访。他和这个客户的关系并不是特别熟，但是因为客户将保单投到了这个业务员这里，已经成了保险公司的客户，所以业务员自然而然就显得比较松懈、随便，把帽子都戴歪了。

这位客户经营着一家烟酒店。业务员一边说着你好，一面把玻璃门打开，客户应声而出。这位客户看到这个样子的业务员，就生气地大叫起来："你这是什么态度，你懂不懂得礼貌？跟我讲话竟然歪戴着帽子！我是信任你，才把保单投到你这里，谁知道我所信赖的公司的员工，竟会如此无礼、随便！"

业务员没有想到客户会因自己这么一个小小的、不当的动作生这么大的气，他一时不知道如何是好。猛然间，他双腿一屈，跪在了地上："我真是太惭愧了！实在是对不起！因为你已经投保，所以我把你当成熟人了，就太随意了，请你原谅我！"

业务员开始向客户磕头，并继续道歉说："我刚才的态度实在是太鲁莽了，不过我来拜访你是带着向亲人请教的心情的，并无意轻视你，所以请你原谅我好吗？千错万错，都是我的错，请你息怒跟我握手好吗？"

客户并没想到业务员这样的行为，他突然一笑，说："不要老跪在地上，站起来吧，其实我也不该这样责骂你。"他握住业务员的手，说："刚才也怪我太无礼了。这样吧，我在你这里再买一万元的保险，这样可以吧？"

这个案例很有戏剧性，业务员太过随便的动作，惹得客户非常生气，生意也差点没了，幸好业务员反应得快，用夸张的动作使对方原谅了自己，不但保住了原有的客户关系，而且把生意做得更大。 这个故事告诉我们，在和别人交往的过程中，自己的举止动作一定要加倍注意，要恰到好处地赢得对方的认可。

尤其是在和一些人初次交往时，对方在你这里得到的大部分信息，除了语言外，就是动作了。 如果你的动作惹人讨厌，如无礼、随便，行为咄咄逼人，那么对方就会认为你的整个人也和你的动作所表现出来的信息一样，对方就很难再接受你，你也就很难和他再深入发展关系。

当然，注意自己的动作举止，并非要如同那个业务员一般，非要跪在人家面前给人家磕头，那只是特殊情况而已，如果在平时的交往中你的动作就如此夸张，恐怕对方早就被你吓跑了，也就无人和你交往了。 因此我们所说的注意行为举止，是说要适当，既要把动作做到、把信息传到，又不能让人觉得矫揉造作或者过于夸张，那些都会让对方感到反感。

当然有很多礼貌动作也需要我们注意，我们不可能一一细说，这里只介绍一些典型的细节，需要你在和别人交往时，尤其是在和陌生人交往时要留心。 恰到好处的行为举止，会有助于你交际成功。

一是手的动作。 手的动作在身体动作中十分重要，善于利用手势能够增强人际交往效果，给对方留下良好印象。 比如，公司来了客人，你带路给客人时，要说"请这边走"，同时以手示以方向；对各个部门进行介绍时要微微斜举你的手，手掌朝外。 在用手指目录或说明书时，不要手背朝上，这样对方会认为你在掩盖什么，因此你应该手心朝上。 如果指小的东西或细微之处，就用食指指出，而且最好也要手掌朝上。

二是坐相。 当对方请你坐时，坐下之前要记得说"谢谢"。 此外，你应该坐满整个椅面，但是背部不可以靠着椅背，采取稍微前倾的姿势（前倾既可以暗示肯定对方的谈话内容，又能起到催眠的作用，让对方接受我们的观点）。 你的膝盖之间的距离大概要一个拳头宽，并且不要用手撑住头，要微微扬起头，让对方感到你的自信，并且感染对方。

三是站相。 行礼是从立正开始的，不能做好立正姿势的人，也必定做不出令人满意的打招呼的姿势。 立正站立时要尽量放松，平行分立双脚，保持水平直视的视线。 采取正确立正姿势的人，做任何事情都可能成功。

四是与对方的距离。 与对方的距离不能太远，也不宜太近。 谈话时若双方都站着，保持彼此都伸出手臂能碰触的距离即可（半臂距离）；谈话时双方都坐着，如果中间没有桌子，距离应保持在一臂以内的距离。

五是名片的递交方法。 初次见面，姓名互通之后就要进行名片的交换，交换名片时应注意这些方面：尽可能使用名片夹，将其装在公文包或上衣口袋中，切勿放于裤子的口袋中，这样会显得不够重视；自我介绍时，递名片要微欠身子恭敬地将名片用双手递上；双手接过对方名片，认真地看过一遍后慎重地收藏起来；难认的姓名要请教对方，并注意技巧；对方有两人以上时，按职位将名片排好收起，并按顺序进行商谈；如果名片放于桌上没有收起，结束谈话后应慎重地收起名片，并向对方点头致意。

投其所好能给人留下好印象

销售人员在进行业务培训时，都要学习这样一种技巧：投其所好是和客户打交道时一定要注意的，谈论对方感兴趣的话题，对方对你的印象就会很好，从而促使你谈成这笔交易。这个道理也同样适用于同陌生人发展关系。

每个人的兴趣和爱好都是特有的，并且都希望自己的兴趣和爱好能得到满足、被他人认可。如果有人能和他们一起谈论这个话题，对其兴趣和爱好能够理解和满足，他们就会对对方产生一种信任和好感，与对方的合作和交流就能顺利进行。正是因为这个道理，所以很多人都会先想方设法了解对方的兴趣和爱好，从而促成生意、发展自己的关系。

因此在和陌生人交往时，你要以对方的需要、兴趣、爱好、志向为根据，有意识地迎合对方，并努力使双方达成共识。与对方的良好关系建立之后，再提出双方的生意合作，对方便会乐于接受和认可。这一点受到很多人际高手的重视。

有一个成功的广告业务员，每次在面对糟糕的业务局面时，他都擅长用提问的方式将对方感兴趣的内容引入到话题中，这样就算对方真的很忙，他们也总是乐于挤出时间来和他聊天，而聊到最后的结果，往往是建立关系、谈妥业务。比如，在他刚开始开展业务时，遇见了一家装修公司的老板。这个老板工作繁忙，在他面前无功而返的业务员很多，而这名业务员却成功地把业务推销给了这个大忙人。他是这样表现的：

业务员："您好！我叫×××，是广告公司的业务员。"

老板："又是一个业务员。今天业务员已经来了五个了，我还有很多事要做，没时间听你说。别烦我了，这种广告我们已经很多了。"

业务员："请给我一个做自我介绍的机会，十分钟就足够了。"

老板说："我的时间真的是不多。"

这时，业务员用了整整一分钟的时间把公司挂在墙上的宣传图片看了一遍，然后，他问老板："您在这一行做多久了？"老板回答："22 年了。"

他又问："您是怎么开始干这一行的呢？"这个老板立刻被这句有魔力的话吸引住了，他开始滔滔不绝地谈论起来，从早年自己的不幸一直到自己的创业，一口气谈了一个多小时。这个业务员那次的生意并没有谈成，但是却和老板成了朋友。接下来的三年里，老板从他这里签了四份大单。而这些生意的成功，都开始于这名业务员巧妙的提问。

要想赢得陌生人对你的好感，你就要首先去了解对方的兴趣和爱好，对对方有一个基本的了解，而达到这一目的的最好办法，就是提问。有效的提问能使你对对方有一个透彻的了解，而且提问本身就是一种获取对方好感的方式。就像上述案例一样，一个简单的、诱使对方说话的提问就能让双方的关系变得牢固。关于如何提问，也有很多技巧，一种有效的办法就是"FORM"，它的内容包括 4 个方面：

"F"是关于家庭的，即对对方的父母、孩子和兄弟姐妹的事情进行询问；

"O"是关于职业的，即对方的工作是什么，他们想做什么工作，他们正在学习什么，工作中的什么内容是他们的最爱；

"R"是关于消遣娱乐的，即对对方的业余爱好进行了解，由此可以延伸到运动、读书、旅行和音乐等多方面；

"M"是关于动机的，即了解是什么因素在生活中激励着对方，这样的谈话常常可以延伸到众多方面包括生活中的和工作中的，并达到交浅言深的目的。

通过"FORM"进行提问，其实质就是投其所好对对方的心理需求的满足。同时，从对方的回答中你对他们也可以进一步地了解，为下一步如何发展关系做好准备。

第五章

行走在社会上的每一步，都是一次心理博弈

做人应量力而行，无须死撑

《论语》上说："惠则足以使人。"意思是说，给他人实惠，就可以去使唤他人。所以，要警惕朋友的小恩小惠、大恩大惠。

在复杂的社会人际关系中，"面子"有很多种含义。"你敬人一尺，人敬你一丈"，人情就是面子。"一个好汉三个帮，一个篱笆三个桩"，关系就是面子。中国人的面子害死人，有的人就爱打肿脸充胖子，自认自己特能，朋友一有事相求，胸脯立马一拍，说包在我身上。哪怕是明知自己力不能及，但一句"咱俩什么交情，能不给你这点面子吗"，便杀头成仁，舍生取义。四处奔走，求爷爷告奶奶，事一办成，人也轻松大半。但是如果最后没办成事，把朋友的事耽误了，又把自己的名声也害了。因此，能拒绝的就尽量要拒绝，但"吃了人家的嘴软，拿了人家的手短"，这一短，若想再长起来，就不得不帮朋友做事。

现代人的生活离不开社交活动，人情在这些形形色色的活动中必定会涉及，而世界上最难偿还的债就是人情债，人活一世不欠人情，那是做不到的。所以如果欠了人情，就要留点神，至少要留条后路给自己，别让人情成为你做事的负担。

礼尚往来，朋友之间你来我往，提点礼物，这都是很正常的，不包含在上列内容之中。但是，带有明显功利目的的朋友，是可以看得出来的。现代人与古人不同，人的生活速度在现代已有很大的提高，请朋友办事的速度也大大加快。 如果突然一天一位不是很熟的朋友造访，你可千万别奇怪，或者常见面的好友，带着比平时贵重的礼物，你也要有所防范。

中国人好面子，你不收他的东西，他会认为没面子，你瞧不起他，你再让他带回去，那就更是有损尊严了。 所以，人家的面子你也要顾及一些，盛情难却时，你大可以暂时收下，但这个人情你必须想办法还回去。 你要去回访他，带着差不多的东西，两下扯平，也不会伤了和气，日后不用为此而难为情。

朋友请你办事就会请你吃饭，送到门的东西，你就要给面子，但是吃饭总得预约，这就给了你推脱掉的理由，但脑袋要转得快些，推辞时要讲得委婉些。 脑袋转得快些，要知道对方是谁，弄清关系，搞清朋友圈，然后，再考虑是推掉还是接受。

若要想避免情债，就要量力而行，切不可打肿脸充胖子。 自己的能力自己是最了解的，能干多少事，能吃几碗饭，自己也是知道的。 然而，冠冕堂皇的面子会害死人，有的人自认为有能力，朋友一求，马上一拍胸脯，包在我身上。 更有甚者，明知自己力不能及还是为了面子揽了下来。

三国时的蒋干就是这么一个人。他自以为了不起，认为可以同春秋战国的雄辩天才联横、合纵比口才。于是他向曹操自荐，说他可以去说服周瑜投降于曹操，并且十分自信。青衣小帽，再加一个书童，乘着小船就去找周瑜。周瑜是什么人啊，年纪轻轻便能统帅百万军队，说客就算是同窗也动摇不了他。他来到周瑜的兵营，连三句半都没说上，就被周瑜耍得团团转，最后走得也不正大光明，曹操上了他带回密信的当，损失了两员大将。

人要有自知之明。所以，就算是帮最好最铁的朋友做事，也要量力而行才对，千万别逞强，说不定你会把事情搞砸，适得其反。办不成的事，要老实地说，没什么不好意思的。蒋干就是太自不量力，没办好事不说，竟然还被人家骗了。

三句半都没说上，就被周瑜耍得团团转，最后走得也不正大光明，曹操上了他带回密信的当，损失了两员大将。

人要有自知之明。所以，就算是帮最好最铁的朋友做事，也要量力而行才对，千万别逞强，说不定你会把事情搞砸，适得其反。办不成的事，要老实地说，没什么不好意思的。蒋干就是太自不量力，没办好事不说，竟然还被人家骗了。

现代已有很大的提高，请朋友办事的速度也大大加快。 如果突然一天一位不是很熟的朋友造访，你可千万别奇怪，或者常见面的好友，带着比平时贵重的礼物，你也要有所防范。

中国人好面子，你不收他的东西，他会认为没面子，你瞧不起他，你再让他带回去，那就更是有损尊严了。 所以，人家的面子你也要顾及一些，盛情难却时，你大可以暂时收下，但这个人情你必须想办法还回去。 你要去回访他，带着差不多的东西，两下扯平，也不会伤了和气，日后不用为此而难为情。

朋友请你办事就会请你吃饭，送到门的东西，你就要给面子，但是吃饭总得预约，这就给了你推脱掉的理由，但脑袋要转得快些，推辞时要讲得委婉些。 脑袋转得快些，要知道对方是谁，弄清关系，搞清朋友圈，然后，再考虑是推掉还是接受。

若要想避免情债，就要量力而行，切不可打肿脸充胖子。自己的能力自己是最了解的，能干多少事，能吃几碗饭，自己也是知道的。 然而，冠冕堂皇的面子会害死人，有的人自认为有能力，朋友一求，马上一拍胸脯，包在我身上。 更有甚者，明知自己力不能及还是为了面子揽了下来。

三国时的蒋干就是这么一个人。他自以为了不起，认为可以同春秋战国的雄辩天才联横、合纵比口才。于是他向曹操自荐，说他可以去说服周瑜投降于曹操，并且十分自信。青衣小帽，再加一个书童，乘着小船就去找周瑜。周瑜是什么人啊，年纪轻轻便能统帅百万军队，说客就算是同窗也动摇不了他。他来到周瑜的兵营，连作用。 为什么要给自己增加困难呢?

因此, 在指出别人错误的时候, 不要告诉别人你比他更厉害。 例如, 你可以用若无其事的方式或者以也许是你自己犯了错的方式加以提醒, 提醒他不知道的好像是他忘记了的, 或者提醒他错了好像是他没说清楚似的, 这将会产生意想不到的效果。

永远不能讲这样的话: 看着吧! 你会知道孰是孰非的。 这等于说: 我会改变你的看法, 我比你更聪明。 这本质上是一种宣战, 在你还没有开始证明对方的错误之前, 他已经准备迎战了。 为什么要给自己增添这些无用的困扰呢?

　　有一位年轻的纽约律师, 参加了一个非常重要的案子的讨论, 这个案子牵涉到一大笔钱和一项关键的法律难题。在辩论中, 一位最高法院的法官对年轻的律师说: "海事法追诉期限是 6 年, 对吗?" 律师思考了一会儿, 看看法官, 然后率直地说: "不, 庭长, 海事法没有追诉期限。"

　　当时, 法庭突然变得鸦雀无声, 似乎连气温也降到了冰点。显然年轻的律师是对的, 法官是错了, 年轻律师也如实地指了出来。当然法官不会因此感到高兴, 反而脸色铁青, 令人望而生畏。尽管法律站在年轻律师这边, 但是他却犯了一个不可挽回的错误, 居然当众指出一位声望卓著、学识丰富的人的错误。

　　年轻的律师确实犯了一个比别人正确的错误。在对别人的错误加以指出的时候, 为什么不能用一些高明的

真正的聪明不要说出来

不要一根筋地想事情，纠正过错的方式多种多样，只有不够聪明的人才喜欢去批评别人。因此我们一定要牢牢记住：人们只有在他人不指出自己的缺点时，才记得"忠言逆耳利于行"，任何人都不喜欢被他人挑刺儿。经常指责别人是一种缺乏教养的行为，正如霍尔·金小姐在日记中所写的那样："要想使一个人改正错误，你绝不能寄希望于训斥的方式，那是最愚蠢的方式。"

古希腊哲学家苏格拉底一再地告诫他的门徒："你唯一知道一件事情，就是你一无所知。"正所谓大智若愚，不要告诉别人你比他更厉害，也就是中国人常说的"守拙"，是一种掩饰自己、保护自己、积蓄力量、等候时机的人生韬略，经常在双方对峙时使用。在今天这个竞争激烈的时代，这种策略仍然很实用。

不要告诉人家你比他更聪明，这种韬略还可以用来维持并且拉近与他人的关系，特别是当你发现了他人的错误又不能不指出时，使用这些技巧十分关键。因为无论你采取什么方式对别人的错误加以指出：一个蔑视的眼神，一种不满的腔调，一个不耐烦的手势，都有可能带来难堪的后果。因为这等于说："我一定要让你改变看法，我比你更聪明。"这等于否定了他的智慧和判断力，打击了他的荣耀和自尊心，同时对他的感情也会造成创伤。他非但不会改变自己的看法，反而还要反击。这时，即使你搬出所有的权威理论和任何的既定的事实也毫无方法呢？为什么要让他人觉得你更聪明呢？

科学家说人与其他动物的最大区别之一，就是人是非常理性冷静的动物；但是，并没有说人只有理性。实际上，感性的东西在我们日常活动中也发挥着重大作用，甚至比理性所起的作用要大得多。"良药苦口利于病，忠言逆耳利于行""口蜜腹剑非君子，防他背后暗伤人"。中国古人流传下来的许多警语是在告诫人们必须清醒理性地面对问题，尽量多地听取一些逆耳忠言。但是，即使如此，人们还是愿意听到别人关于自己积极的评价。即使那些出自善意的指责和批评，往往也只会导致人们的反抗与抵制。即使人们在内心明白许多批评是真诚善意的，但在有人对自己的缺点或错误加以指责的时候，还是会使人感到不开心。

树大招风，不要争做第一

日益发达的交通和通信设施，使人类的生存状态正在发生着翻天覆地的改变，也使得企业间的竞争变得愈加残酷，不论是第一还是第二，只有先生存、找出路，才可能再谋发展，毕竟登上塔顶浪尖的企业少之又少。对于大多数公司来说，抛开"老大"的光辉，寻求到自己的生存空间，才是更现实的生存之道。

中国企业的经营管理理论中，曾经有一种说法叫作"老二哲学"，就是不做第一，只做紧紧跟在排名第一的后面做老二，等找到机会之后再向第一的目标迈进。或许是暂时不愿做"出头鸟"，或许是想挂在后面搭个便车，不过最后谁也不愿意永远屈居于第二，"老二"也只是个过渡。

万燕是做 VCD 行业的火车头，最后步步高和爱多等后起之秀却把钱都给赚走了。当年，万燕花了大把的钱，告诉消费者：VCD 是好东西。直到市场培育好了，VCD 是大家公认的不错的东西的时候，步步高、爱多却出手把自己的品牌树立了，把自己的营销网络完善了，再把价格降下去，它们反而成功了。相反万燕在市场上却销声匿迹了。

《孙子兵法》曰：不战而屈人之兵，乃上策也。不动声色地走在别人的后面，便是不战而屈人之兵的上策。日本索尼公司曾向外界公布了这样一个秘密，我们从中受益匪浅。

过去，索尼投入很大的资本来进行研发，但往往只开花不结果，费了九牛二虎之力将新产品推出之后，别家公司却迅速地掌握了相关技术，所以索尼公司成了冤大头，总在为他人做嫁衣裳。 为此，索尼公司改变了经营策略，紧跟市场，等到别人用新产品将市场打开之后，索尼马上研究其不足，通过进一步的技术创新，把第二代产品迅速地开发和推广开来，在性能、价格、设计等方面都比第一代产品要优胜很多，结果取得了"青出于蓝而胜于蓝"的技术创新和市场竞争效果。

在某种新产品刚上市时，人们对其性能和功用并不是很了解，如果进行新产品生产的是一家小企业，那么，小企业就完全没有必要做"出头鸟"，不要投入大量广告做产品宣传，采取跟随大企业的方法未尝不是一个好方法。

很多时候，当行业里的老大推出新产品时，尽管先机并不是被你抢占，但是你可以通过你的优势脱颖而出，由跟随别人的老二上升为第一。 温州人生产打火机的例子就足以证明这一方法的实用性。

　　十几年前，一些旅居海外的温州人回乡探亲，买了日本打火机作为礼物送给亲人。他们的亲戚朋友中不乏机灵的人将打火机一一拆开，仔仔细细地研究了每个零件。短短3个月，温州人第一支手工打火机问世，这在中国可是首创。生产出打火机的人就是周大虎。

　　20世纪90年代初，一般人还买不起打火机这种高档产品，日产金属外壳打火机的市场售价在30～40美元左右。温州人凭借廉价的劳动力成本、迅捷的仿造工艺，制作的打火机质量与日本的完全一样，并以1美元的售价投入到国际市场。因为温州打火机这样的低价畅销势头，曾经使世界三大打火机生产基地的日本、韩国和中国台湾，出现了 80% 的厂家关门大吉。温州打火机的国内市场份额达 94%，世界市场份额达 80%。有些人开玩笑地说，如果把温州人一年生产的打火机排起来，可以绕地球转两圈。其实这并非是夸大其词。

做打火机生意起家的温州商人说："我不认为模仿别人有什么难以启齿的，最重要的是要赋予你所模仿的东西新内涵，赋予它崭新的生命力。"愿意做"老二"的不是真的没有竞争第一的野心，而是先尝尝做"老二"的甜头，从而使自己在做事的一开始就可以借力获利。

"枪打出头鸟，刀砍地头蛇。"在今天的社会，与其呕心沥血地把自己老大的位置捍卫好，不如先尝尝做"老二"的甜头。从百事公司挑战可口可乐的佳绩，佳能在复印机市场超越施乐，以及电脑行业戴尔的崛起中，我们发现做"老二"好处还是很大的。

做"老二"还意味着可以心安理得地蹭车、蹭饭。甘愿当小弟，把这样的便宜积累起来，也会是一笔相当可观的利润。初创的小企业，既没资金也没技术，因此，在品尝"市场大餐"时，很少被"邀请"。不过，这并不意味着吃不到这顿饭。在大企业"应邀"时，小企业也应学着"蹭顿饭"。而且还别小看了这"蹭饭"，小企业去了就只管埋头吃饭，最后可能比大企业还吃得多。

山西别样红饮料就是一个鲜明的例子。

红牛饮料刚刚进入山西市场时，整个山西市场使用金色罐子的饮料只有红牛一家。红牛广告攻势强大，而且市场价格偏高，在山西消费者心目中形成了一个概念——相对高档的饮料都是金罐子饮料。此时，别样红抓住了这个机会，也使用金罐子的包装上市，立马冲击了消费者的视线，消费者误认为别样红与红牛一样都是高档饮料。其结果就是，别样红不但节省了一大笔宣传费用，而且把市场迅速地打开了。

静下心来想想第一与第二的声名，究竟有多少是宣传、多少是噱头、多少是虚名？做企业、积累财富和做事业，就不要把这些虚名放在心上，而应该踏踏实实地向利润看齐，向长远发展看齐。倘若有免费的大餐可以吃，不妨跟着企业龙头大哥们"蹭一顿"；如果行业里有爱出风头的企业，它们爱占风头就让它们去占。踏踏实实做"老二"，扎扎实实练本事，实实在在赚利润，这种行动无疑是最聪明的选择。

"木秀于林，风必摧之。"任何行业中，领头羊总会受到最大的阻力，而跟随者则会省力很多。你看大雁迁徙的时候，队形不会一成不变，它们会一会儿排成"人"字，一会儿排成"一"字，其中一个原因就是它们要更换头雁。头雁在最前面领飞，遇到的阻力最大，体力也消耗得最多，因而雁群中强壮有力的个体就要轮流做头雁。倘若头雁一直让一只大雁来当，再强壮的大雁也不能承受如此巨大的体力消耗。

学会因势利导出危局

　　在伊朗有一座富丽堂皇的皇宫，那就是德黑兰皇宫。人们都以为在德黑兰皇宫的天花板和墙壁上镶嵌了很多很多的钻石，因此很多人都震撼于它的豪华。可是，当人们走上前去才发觉，天花板和墙壁上镶嵌的并不是钻石，相反却是一堆碎玻璃。

　　德黑兰皇宫刚开始被建造的时候，建筑设计师本来是想在德黑兰皇宫的天花板和墙壁上挂满一面一面的镜子，可是当商人把镜子从外面运到德黑兰皇宫时，镜子没有完好的了，没有一块是完整的。商人心痛地把破碎的镜子埋在了一个山洞里，然后他诚挚地把事实告诉了德黑兰皇宫的建筑设计师。设计师听了商人的话后，也比较焦急，因为德黑兰皇宫的施工工期很紧张。这时，设计师沉思片刻想了个办法，他告诉工人们去把商人埋到山洞里的碎玻璃全都挖出来，让碎玻璃变得更小，把弄碎的小玻璃镶嵌在了德黑兰皇宫的天花板和墙壁上。

　　虽说在德黑兰皇宫的天花板和墙壁上用碎玻璃代替了镜子，可是那并不影响德黑兰皇宫的整体设计，反而使得德黑兰皇宫的豪华凸显出来了，成了世界宏伟建筑中的一大景观。

　　人生有时就像镜子一样，碎掉是不小心的，可是谁又能说这破碎的镜子就不是镜子了，而谁又有完美无憾的人生呢？ 也许，会因为一些破碎让我们成长，而那些破碎了的人生又何尝不是我们人生中的钻石？

俗话说："人生不如意之事十有八九。"风平浪静和一帆风顺绝不是人生的常态。 环境和遭遇常有不尽如人意的时候，问题在于一个人怎样面对逆境和不顺。 当人力改变不了的时候，不如面对现实，随遇而安。 怨天尤人只会给自己增加苦恼，还不如因势利导，从容地适应环境，既然条件已经存在，那就尽自己的才能和智慧去发掘乐趣。

某次婚宴上，来宾济济，大家都争着抢着给新婚夫妇送祝福。

有一位先生因为情绪激动而说错话："走过了恋爱的季节，就步入了婚姻的漫漫旅途。感情的世界时常需要润滑。你们现在就好比是一对旧机器。"

其实，他本想说"新机器"，却口误说错，大家都感觉震惊而尴尬。

这对新人对此的不满更是溢于言表，原因就是他们两个并非都是初婚，自然以为刚才之语隐含讥讽。

那位先生的本意是要将这对新人比作"新机器"，让他们彼此都懂得收敛脾气和珍惜对方，彼此多些谅解。但话既出口，临时改正也不会起到作用。他马上镇定下来，略加思索，不慌不忙地补充一句："已过磨合期。"

这话一说出口，大家都感觉很好。这位先生继而又深情地说道："新郎新娘，祝愿你们永远沐浴在爱的春风里。"

大厅内掌声雷动,两位新婚人也笑开了怀。

这位来宾的将错就错真是令人叫绝。错话出口,并不急着改正而是因势利导,反倒巧妙地改换了语境,使原本尴尬的失语被深情的祝福完全取代了,同时又道出了新人情感历程的曲折与相知的深厚,颇有些点石成金之妙。

一般来说,在社交场合,说错了话,做错了事,就应该老老实实地承认,认认真真地改正。不过在有些特定的场合时候,如此照办会使自己陷入极为难堪的境地或者造成无法弥补的损失,这时则不妨考虑一下,将错就错出奇制胜也未尝不可。生活中就不乏其例,并且令人感觉很有趣的是,这种"文过饰非"非但不被视为"恶德",反倒还是善于审时度势、权宜机变的智谋表现。

1876 年,一位 20 来岁的年轻人只身来到芝加哥。没有文化又没有特长,为了生存,只好在商店卖起了肥皂。

他发现发酵粉的利润比较高,就立即投入所有老本购进了一批发酵粉。结果,他发现自己犯了一个错误:当地做发酵粉生意的人远比卖肥皂的多,以自己现在的实力还打败不了他们。

倘若不及时处理掉发酵粉,将损失巨大。年轻人一咬牙,决定将错就错,索性将仅有的两大箱口香糖贡献出来——买一包发酵粉,送两包口香糖当作赠品。很快,他将手中的发酵粉处理一空。

年轻人后来又发现，口香糖貌似比发酵粉更有利于发展。于是，他又倾尽了所有家当，把宝押在了口香糖上。

营销过程中，他把顾客的意见利用起来，配合厂家改良口香糖的包装和口味。慢慢地，他感觉这种配合局限性很大，索性再次倾其所有，就这样一个口香糖厂被他办起来了。

1883年，他的"箭牌"口香糖面世。但当时，市场上已有十多种口香糖了，人们对这支生力军接受的速度非常慢，困境又一次袭击了他。

这次，他想出了一个更加大胆的招数：把全美各地的电话簿都搜集了过来，然后按照上面的地址，给每个人寄去4块口香糖和一份意见表。

这些铺天盖地的信和口香糖把年轻人的家当几乎耗光了。同时，也几乎在一夜之间，"箭牌"口香糖迅速风靡全美。

1920年，"箭牌"口香糖有90亿块的年销售量，成为当时世界上最大的营销单一产品的公司！

这位善于在错误中因势利导的年轻人，就是"箭牌"口香糖的创始人威廉·瑞格理。今天，"箭牌"口香糖也已成为年销售额过50亿美元的跨国集团公司。

很多人在做事之前，为了避免犯错误总是希望设计出一种最完美的方案。当然，这是无可厚非的。但殊不知，计划赶不上变化！ 今天计划好的事情，明天很可能会因为情况的变化而导致失败。 世界上没有一套方案是可以完全避免失败的。

那么，当我们遇到或可能遇到错误、失败时，你是选择放弃，还是应该积极想办法解决，用创意来另辟蹊径呢？ 机遇总会在犯错的过程中被发现。 错误的尝试被经历了，成功方位才能清晰地被找到。 这也就是所谓歪打正着、剑走偏锋吧，它反而会成就你的成功！

学会保护自己，谨慎敷衍小人

小人无时不在、无处不在。 在你面前他是一副正人君子的样子，背地里却是一个卑鄙小人，表面光明正大，暗地里阴险狡诈。 小小的疏忽就可能让你落入圈套。 为自己的利益着想，最好的办法就是远离小人，能离多远，就离多远。 但当不得不和小人打交道的时候，谨慎、认真考虑是必须要做到的。

荀子主张"敬小人"，他认为"不敬小人，等于不敬虎"。 这句话似乎有点过于严重。 但在现实生活中，小人确实非常难缠且难对付。 小人说话真真假假，言而无信，小人做事黑白颠倒，是非不分。 荀子用"敬小人"方式对待小人，也是一个不错的办法，比起孔子处处遭受小人的暗算，被小人逼迫四处漂流要好得多。

纵观中国历史，从古至今，三国时期的武将关羽是唯一一个被上至帝王将相，下至黎民百姓甚至草寇强盗共同顶礼膜拜的人。唐朝人虞世南称赞关羽说："利不动、爵不禁、威不屈、害不折；心耿之、义烈之、伟丈夫、真豪杰、纲常备、古今绝。""忠，信，义，勇"是用来概括关羽的最恰当的四个字。

但这样的伟丈夫，最后却败走麦城，敌军的强大并不是造成这一悲剧的主要原因，原因却是军营里的叛徒——糜芳、傅士仁。关公温酒斩华雄，诛颜良斩文丑，过五关斩六将，临江亭单刀赴会，捉庞德擒于禁水淹七军，何等的英雄豪迈，没想到到最后却栽在了小人的搬弄是非之中。

糜芳本事不大，但倚着国舅的身份，先是说关羽在长坂坡投降敌人，后来又与关羽发生矛盾，而关羽看在兄长刘备的面子上毫不介意。困难中能看出人的内心，关羽失去了荆州，糜芳即投敌孙吴，关羽怒气冲天，疮口迸裂，气绝于地。

此前，关羽在力取襄阳风头正健之时，就有人提醒他说糜芳、傅士仁两个人有问题，关羽却大大咧咧地回答说："汝勿多疑，只与坐烽火台去。"君子的悲剧常常就是因为对小人缺少防范之心。

关羽其弟张飞虽有"于军中取上将首级如探囊取物"的勇技，可却让悲剧再次重演——被小人范疆和张达刺死于帐下。

君子布阵鸣号角出去，小人则是采用夜晚战斗等卑鄙手段；如果小人毫无天良，君子未必斗得过小人。因此，君子要敬畏小人，防备小人。

曾经为大唐中兴立下了赫赫战功的唐朝名将郭子仪，不仅仅是战场上的常胜将军，在待人处世中也是一个善于对付小人的高手。郭子仪对于和小人打交道，有自己的一套方法。那就是"宁得罪君子，不得罪小人"。

"安史之乱"平定后，郭子仪位高权重却从不居功自傲，为了防止小人的嫉妒，他比原来更加小心谨慎。

有一次，有一个地位比郭子仪低的人来拜访他。这个人叫卢杞，是历史上有名的小人，相貌奇丑，生来就一副铁青脸，脸形宽短，鼻子扁平，两个鼻孔朝天，眼睛小得出奇。人们都把他当作是一个活生生的鬼。正是因为这个原因，妇女们看了这个人都会不禁笑出声来。因家中侍女成群，郭子仪事先进行了周密的规划。在听到门人报告卢杞到了之后，马上让身边的人都避开，不要让卢杞看见，只剩下他一个人。

卢杞走后，姬妾们回到病榻前问郭子仪："之前那么多官员来看望过您，您都没让我们回避过，这个人来了后为什么要让我们都避开呢？"郭子仪微笑着说："你们不了解卢杞这个人，相貌丑陋而心胸狭隘，睚眦必报。万一你们因为他的相貌丑陋而失声发笑，那他一定会怀恨在心的，有朝一日得了势，我们家就要大祸临头了啊。"郭子仪很了解卢杞的性格，所以与他相处时非常谨慎。后来，这个卢杞当了宰相，果然使尽各种手段迫害当初得罪过自己的人，唯独对郭子仪比较尊重，秋毫无犯。

通过这件事，我们可以看到郭子仪为人处世的周密、独到之处，特别是他对待小人时的谨慎、老练可见一斑。

生活中处处有小人，而孔子也说："唯女子与小人难养也。"万一得罪了小人，就会引火烧身耽误自己的前途。通常君子看不起小人，小人也不谋于君子。

那么，怎样才能与小人和谐相处、相安无事呢？下面是一些基本原则：

1. 不得罪他们

一般来说，小人面对君子时有较强的道德上的自卑感，对君子对他们的态度十分敏感。因此，你不要在言语上刺激他们，与小人有什么利益冲突时也要尽量避让，万不能图一时之气让他们当众出丑，否则最后你只会害了你自己！自古以来，被小人放冷箭陷害的君子多了去了。俗话说："狗咬了你一口，你还能反咬他一口吗？"遇上小人为恶，应避而远之，让更有力量的人去对付他。犯不着跟他较劲。

2. 保持距离

对小人要敬而远之，才不至于麻烦缠身。不要和小人过度亲近，保持淡淡的关系就可以了，但也不要太过疏远，不要显得你对他们很不屑，否则他们会对你怀恨在心："你这么了不起，哪天可别落在我手上？"那你就很危险了。

3. 小心说话

祸从口出，所以不要让小人从你口中抓到什么把柄。跟小人聊天，说些"今天天气很好"这类的话就可以了，只要你在他们前面谈点什么他人的是非什么的，或者发点牢骚，他们就很可能会添油加醋、借题发挥，到处去宣扬，让你有苦难言。

4. 不要有利益瓜葛

别妄想能从小人身上得到什么利益。小人都是贪心的，你一旦从他们身上得到点利益，他们定会想从你身上索回双倍甚至更多的回报。物以类聚，小人更容易跟狐朋狗友聚在一起，追名逐利，形成势力，你千万不要想靠小人来获得利益。因为你一旦从他们手上拿点好处，他们就会阴魂不散，没完没了缠着你，还要连本带利从你身上榨回去，到时候你想脱身都困难！

5. 吃些小亏无妨——切莫为了点小委屈和小人翻脸

小人有时可能并不是有心对你使坏，如果只是吃了点小亏，就算了。你如果和他一般见识，不但讨不回公道，反而会结下更大的仇，得不偿失。所以，切忌因为吃点小亏而与小人结下仇怨。

不要触及他人的"雷区"

对于自己不光彩的一页没人愿意提及，如果你拿这些不光彩问题来做文章，如同在别人伤口上撒盐，任何人都忍受不了。你让别人受到伤害，别人也许就会反过来伤害你，在伤害与被伤害的生活中，谁的一生还能得到幸福？

在待人处世中，场面话谁都能说，但并不是所有人都说得好，一不小心，也许你就踏进了言语的"雷区"，触到了对方的隐私和痛处。触犯了对方的底线，对听话者造成一定的伤害。其实，每个人都有所长，亦有所短，待人处世的成功，一个很重要的因素就是善于发现对方身上的优点，把对方的长处夸奖一番，而不要对别人的隐私、缺点和痛楚大做文章。切记：勿揭人之短，伤人自尊！

有人故意"揭短"，那是互相敌视的双方用来作为攻击对方的武器。"揭短"，有时又是无意的，那是因为某种原因一不小心犯了对方的忌讳。

有这样一个真实的例子。

有一群人在看电视剧，电视剧中有个镜头是婆婆和媳妇吵起来了。张大嫂便随口议论道："我看，现在的儿媳真是不知道好歹，总想跟老人分开住，也不想想以后自己老了怎么办？"话未说完，旁边的小齐马上站了起来，怒声说："你说话干净点，不要找不自在，指桑骂槐是我最讨厌的事！"原来小齐一直与婆婆关系失和，最近刚从家里搬出单住。但张大嫂对这事并不知道，无意中揭了对方的短而得罪了小齐。所以只有把对方长处短处了解清楚了，为人处世才不会伤人伤己。

接下来看下面这个例子。

有一位很胖的年轻姑娘，吃了不少的减肥药也不见效果，心里很苦恼，也最怕有人说她胖。有一天，她的同事小张对她说："你吃了什么呀，像吹气儿似的，没几天又胖了。"胖姑娘立马恼羞成怒："我胖碍着你什么了？不吃你，不喝你，真是狗拿耗子，多管闲事！"小张非常尴尬地脸红了。在这里，小张明知对方的短处，却还要把话题往上赶，这自然就犯了对方的忌讳，这不是自找麻烦吗？

所以，还是俗话说得好，"打人不打脸，揭人不揭短"，要想与他人友好相处，对待他人要尽量体谅，维护他人的自尊，避开言语"雷区"，别人的痛楚不要戳穿！

人情留一线，日后好相见

做人要留有余地，就不会把事情做绝。于情不偏激，于理不过头，就能在追求成功的路上进退自如。

传说太阳神阿波罗的儿子法厄同经常驾起装饰豪华的太阳车横冲直撞，恣意驰骋。当来到一处悬崖峭壁上时，恰好与月亮车相遇。月亮车正欲掉头退回时，法厄同却依仗太阳车辕粗力大的优势，一直逼迫到月亮车的尾部，使对方毫无回旋的余地。正当法厄同眼看着难于自保的月亮车幸灾乐祸时，自己的太阳车也走上了绝路，连掉转车头的余地也没有了，向前进一步是危险，向后退一步是灾难，最终只得葬身火海。

这个故事告诉我们做人要留有余地，不可把事情做得太绝。

世界上的事情是复杂多变的，任何人都不应该偏听偏信，自以为是。即使是某些以为拥有科学头脑的人，也应该留有一片余地供别人游览，供自己回旋。否则的话，难免给别人留下把柄。

1790年7月24日，一块巨石降落在法国的一个小城儒里亚克，巨大的响声把居住在这里的加斯可尼人吓了一大跳。更让人惊讶的是，这块石头把加斯可尼人教堂旁边的屋子砸了一个大窟窿。市民们目睹了这一切，并对这块破坏了他们宁静生活的怪石议论纷纷。他们以为这块石头可能还会飞上天去，为了预防这件事，就给巨石凿了个洞，用铁链穿起来，然后把铁链锁在教堂门口的大圆柱上。最后市民们又通过一项决议，要给法国科学院写一封信，请科学院派科学家来研究这块怪石。儒里亚克市的市长对市民们在信上所写的事做了证明，并在上面签上了自己的名字，又派专人将信送往巴黎。

在巴黎的法国科学院里，在宣读儒里亚克的这封来信时，阵阵哄笑声从人群中发出，有的人甚至笑得前俯后仰，还有人连眼泪都笑出来了。有些科学家嘲笑说："哈哈，加斯可尼人是最爱吹牛皮的，今天他们向我们报告天上落下巨石，过几天天上又掉下五吨牛奶也会是他们报告的内容了，外加一千块美味的带血的牛排……"嘲笑过后，他们以科学院的名义做出了回应，对加斯可尼人的撒谎和儒里亚克市长的愚蠢表示遗憾，同时对所有有科学头脑的人发出号召，不要相信这些荒诞不经的报告。

那么，究竟是谁更有科学头脑，谁更愚蠢、可笑呢？历史最终给出了公正的答案。

做事不给自己留余地的人在笑够了别人之后，也会把自己的短见暴露给别人，在伸手打别人耳光的同时，也打在了自己的脸上。

我们在做人时讲求留有余地，就是说不能把话说得太满，要容纳一些意外事情发生的可能，以免自己下不了台。

小杨以前在一家新闻单位工作，曾经把一个采访任务交给一个男同事去做，这是一件有一定困难的采访工作，小杨当时想向他详细地介绍一下，可他却拍着胸脯说："没有问题，包您满意。"三天以后，没有听到任何的动静，小杨便向他询问采访进展，他才不得不对小杨说："任务没想象中的那么简单。"虽然小杨也知道这个采访不会很轻松，但很反感他当时轻易地拍胸脯表态，小杨最终还是同意他继续做些努力，完成采访任务。

生活中有很多事情并不向着我们所预想的方向发展，在不了解事情的发生背景时，切不可轻易地下断言，要给自己留下足够的回旋空间。

有一位年轻人与同事之间有了点摩擦，心情很不愉快，一时冲动便对同事说："从今天起，我们断绝所有关系，彼此再无瓜葛……"这话刚说过不久，这位同事就成了他的上司，年轻人因讲过过重的话很尴尬，只好辞职。

因把话讲得太满，而给自己造成窘迫的例子俯拾即是。把话说得太满，就像把杯子倒满了水一样，再也滴不进一滴水，否则就会溢出来；也像把气球打满了气，再充气爆炸就是必然。

凡事总会有意外，留有余地，就是为这些"意外"留下容纳的地方，杯子留有空间，就不会因为加进其他液体而溢出来；气球留有空间便不会爆炸；为人处世时留有余地便不会因为"意外"的出现而下不了台，因此也可以从容应对。

我们可以见到一些政府官员在面对记者采访时常常使用一些模糊语言，如：可能、尽量、研究、或许、评估、征询各方面意见……他们就是运用这些字眼来为自己所说的话留有余地，以免一下把话说死了，当结果事与愿违时，面对难堪的局面。

那么，怎么样才能为自己留有余地呢？

（1）与人交恶，除非有杀父夺妻之仇，否则不要口出恶言，更不要说出"誓不两立"之类的话。不管谁对谁错，最好是沉默以对，以便他日携手合作还有"面子"。

（2）不要过早地对他人下评断。像"这个人完蛋了"，"这个人一辈子没出息"之类属于"盖棺论定"的话最好不要说。人生路途，变化多样，不要一下子判断"这个人前途无量"或"这个人能力高强"等这样的溢美之词。

总之，做人要留有余地，使自己行不至于绝处，言不至于极端，进退有度收放自如，以便日后更能机动灵活地处理事务，解决社会中复杂多变的问题。同时也给别人留有余地，无论在什么情况下，都不要把别人推向绝路。这样一来，彼此都可以从事情的结果中获益。

给人留台阶等于给自己留台阶

在批评对方的同时也给了对方一个很好的台阶下。事实上，给人留台阶，也是给自己台阶下。所以，在人际交往中以下事项需要加以注意：

1.不要在公共场合揭对方的隐私

据相关调查显示，没有人愿意向把自己的缺点与隐私"曝光"在众目睽睽之下，若被人曝光，就会感到难堪或恼怒。所以，在人际交往中，假如没有什么特别的情况，通常都应尽量避免触及这些敏感区，以免让对方下不来台。就算一定要揭对方的隐私，也一定要委婉地暗示，同样可以使对方感觉到一种压力。切忌行为过分，点到即可。

一个杂货店老板刚结婚两个月，他的妻子就生了一个小男孩，邻里乡亲都赶来祝贺。老板的一个很好的朋友也赶来了，他拿来了自己的礼物——纸和铅笔。老板谢过了他，就问他："尊敬的米多先生，给这么小的孩子送这些纸笔，不是太早了吗？"

米多说："不，您的小孩脾气急躁。原本应该九个月后才出生，但他只待了两个月就出世了，再过五个月，他肯定会去上学，因此我就把纸和笔准备好了。"米多刚刚讲完这些话，全场哄然大笑。这把杂货店老板夫妻折腾得不知所措。

人际交往中很禁忌调侃他人的隐私，上例中的米多在众人面前道出了杂货店老板妻子未婚先孕的隐私，在这种情况下，使自己变得尴尬。

所以，在调侃别人时切忌曝人隐私，或许你讲得无意，听者却有心。你可能就多一句嘴，对方就会认为你是有意跟他过不去，就会日后把你当作敌人。

2. 不要有意渲染、夸大对方的失误

人非圣贤，孰能无过。日常生活中谁都会犯一些小错误。例如，念了错别字，讲了外行话，记错了对方的姓名、职务等等。如果对方的错误你正好发现了，只要是无关大局，就不要对此大加张扬，有意搞得人人皆知，使原来已被忽视的小过失，被慢慢放大。更不应抱着讥讽的态度，以为"这回可抓住笑柄啦"，来个小题大做，将人家的失误当作笑柄。你这样做除了让当事人难堪，伤害他的自尊心外，还会使他很反感你甚至恨你，从而对你进行报复都有可能，更加不利于你自己的社交形象，会让别人感觉到你为人非常刻薄，大家以后在交往中会对你敬而远之，增加防范心理。

3. 不要使对方失败得太惨

在现实生活中，经常会见到一些带有比赛性、竞争力的文体活动。例如，棋类比赛、乒乓球赛、羽毛球赛等。虽然仅是一些小的娱乐活动，但人都有争强好胜的一面。对于那些有经验的社交老手来说，在自己实力雄厚、志在必得的情况下，也不会让对方败得狼狈不堪，还会有意让对方胜一两局，不但不妨碍自己总体上的获胜，而且不会让对方感觉丢面子。 因为这些社交活动，并不是真正意义上的较量，对输赢也不必看得那么重，主要目的还是在交流感情，增进友谊，满足文化生活的需要。

4.先知将，再去激

在社交活动中，使用激将法一定要注意区分对象，根据各自的性格采用不同方法，犹如对症下药，才有可能药到病除。不然的话，只会白费唇舌、枉费心机，这样根本起不到任何效果。

第六章

知人要知心，一眼看透他人心理

言谈方式显露言者心理

语言在人们的日常生活中起着举足轻重的作用，每个人都要借此传达信息，但为什么同样一句话在不同的人嘴里说出来，会产生不同的效果呢？ 这关键取决于说话者的说话方式不同，细心的人会从语言发掘人的心理。

对事情发展的预测很准的人，他们并非真的料事如神，只是较其他人善于对事物进行细致分析，久而久之就会形成相当强的分析能力，然后综合各种信息，做出估计和预测。 这一类型的人在绝大多数时候都能领先他人一步。

善于倾听的人，多是富有自己独特的思想、缜密的思维，并且谦逊有礼的人。 他们刚开始可能并不能引起他人的注意，但通过一段时间的交往，便会赢得别人的尊重，他们虚心好学，善于思考，是值得人信任的。

在说话中常带奇思妙语的人，大多比较聪明和智慧，有幽默感，而且随机应变能力强，他们乐观开朗，很招他人的喜欢。

在谈话中转守为攻的人，多心思缜密，遇事能够沉着冷静地面对，随机应变能力强，面对不同场合刻意调整自己。 他们做事稳重，从不做没有把握的事情，总是首先保证自己不处于劣势，再寻机成功。

能够根据谈话的进行，适时地改变自己的人，头脑灵活，能够正确分析自己的处境，然后寻找适合的方法得以解脱。

在谈话中能够运用妙语反攻者，不仅会说，而且更会听，当形势对自己不利时，寻找反击机会，从而使自己处于主动地位。

有些人能够以理服人，他们多是非常优秀的外交型人才。他们有敏锐的洞察力，往往能够对他人有非常清楚的了解，然后使自己占据主动地位，牵制对方，以赢得最后的胜利。

谈吐非常幽默的人，多感觉灵敏，心理健康，胸襟豁达。他们很少死板地遵循某些规律，甚至完全不拘一格。他们非常圆滑、灵通，显得聪明、活泼，所以人缘不错，他们会有很多的朋友。

在谈话中，经常说一些滑稽搞笑的话以活跃气氛的人，待人多比较热情和亲切，富有爱心。

自嘲是谈话的最高境界，善于自我解嘲的人多心胸豁达、超脱、乐观。

在谈话中善于旁敲侧击的人多能够听出一些弦外之音，敏锐察觉出语言中的信息。

在谈话中软磨硬泡的人，多有较顽强的性格，有一股不达目的誓不罢休的精神，等到对方妥协，不得不答应时才罢手。

在谈话中滥竽充数的人，多胆小怕事，遇事推卸责任，生性安稳，不求有大成就。

避实就虚者常会制造一些假象去欺骗、糊弄他人，一旦被揭穿，就寻找机会脱身。

固执己见者从来听不进他人的意见和建议，即使别人是正确的。

讨论的内容透露对方的本意

谈话——在我们的生活中是一项不可缺少的重要内容。 人们见面总有话题，在谈话中，虽然谈话者不是非常直观地说出自己、透露出自己，但随着谈话的进行，谈话者会在谈话中不自觉地暴露自己。 在这个过程中，注意谈论内容是什么，谈论者的神态和动作怎样。 细心一点，便会得到自己想要的东西。

一个人常常谈论自己，包括曾有的经历、自己的个性、对环境的看法和意见等等，一般来说，这样的人多比较外向，感情色彩鲜明而且强烈，主观意识较浓厚，喜欢表现。

与此相反，如果一个人不经常谈论自己，包括曾有的经历、自我的性格、对事物的看法等，则表明这个人的性格比较内向，感情色彩不鲜明也不强烈，主观意识比较淡薄，不喜欢自我表现，多少有自卑心理。 另外，这种人可能有很深的城府。

如果一个人在叙述某一件事情的时候，只是单纯地在叙述，没有过多个人情感，而是将自己置于事外，则表明这个人比较客观、理智，不会走极端。

相反，一个人在叙述某一件事的时候，自我感情非常丰富，特别注意个别细节，则说明他感情细腻。

如果一个人在说话时习惯于进行因果和逻辑关系的推理，给予一定的判断和评价，这样的人逻辑能力很强，比较客观和注重实际，自信心和主观意识比较强，常会强迫别人接受自己的观点。

如果一个人的谈话属于概括型的，非常简单，但又准确到位，关注结果，平时关心的也是宏观大问题，则显示出这个人具有一定的管理者和领导者才能，独立性较强。

如果一个人不论谈论什么话题，都会谈到金钱，例如：

"这套房子真豪华啊！"

"这么好，花了多少钱？"

"今天的结婚典礼，你觉得如何？"

"以这种菜色来说，几万块一桌太奢侈了！"

这种类型的人，往往缺乏梦想，而这个缺乏梦想的缺点，容易导致他们的失败，因为太过于倾向现实主义，只知道赚钱是自己人生唯一的梦想，因此，不会有更大的成就。

令人感到意外的是，这种超级现实主义的人，也有不安全感。在他们的观念中"金钱便是全世界"，反过来说，"只有钱是最安全的"，"没有钱的人，也就失去了生存的价值"。因此只要他们身边一没有钱，他们就会感到十分惶恐与不安，感觉被抛弃。他们更不敢去想象，当自己身无分文、一文不名时，自己还会有什么。

由此可知，眼中只看得到金钱的人，其实内心更为脆弱。受到不安全感的驱策，即使累积再多的财富，他还是不能满足，他们往往不快乐。

一个人谈论的内容多倾向于生活中的琐事，则表明他是属于安乐型的人，懂得享受生活。

一个人如果经常谈论国家大事，则表明他的视野和目光比较开阔，不会裹足不前。

一个人如果喜欢畅想未来，则表明他是一个爱幻想的人，他们有的会实践，有的不会。前者注重计划和发展，实实在在地去做，很可能会取得一番成就。但后者只在嘴上说说，最终多会一事无成。

在谈话时，比较注重自然现象的人生活一定很有规律，待人接物很谨慎。

经常谈论各种现象和人际关系的人，他们则有更多经验。

不愿意对人指手画脚，进行评论的人，偶尔在不得已的时候发表自己的看法，也会真心诚意评价，这说明这个人是非常正直和真诚的。

对他人的评价表面一套，背地一套，当面奉承表扬，背后谩骂、诋毁，这样的人极其虚伪。

有些人不断地指责他人的缺点和过失，只是为了表现自己。

有些人在谈话中总是把话题扯得很远，或者不断地转变话题，则表明他思想不够集中，没有宽容的心态。

易说错话的人往往心是心非

奥地利下议院院长，在宣告议会开始时，经常会口误说成"会议结束"，因为要让这个议会顺利进展的困难度颇高，所以议长在心中便有"希望议会尽早结束吧"的愿望存在。 脑中的想法便不自觉说了出来，本人在意识中清楚地知道议会一定要进行，但在潜意识里又有恐惧、不想面对的心理，两者相互矛盾，最终导致做出了这种错误的行为。

生活中，你也会无意识地说起怪话，心理学家弗洛伊德认为：说错、听错，或者是写错等等"错误行为"，都是真实表现自己愿望的行为。

由此可知，那些常常会说错话的人，可以推断为想要隐藏自己，是个表里不一的人。 而且，心中时刻暗示自己不要乱说话。

"这件事绝不能讲出来""这事绝不能弄错，非小心不可"，你越这么想，就越容易弄错。 相信很多人在日常生活中，也会遇到类似的情形吧！ 愈加禁止的东西，就越容易表露出来。

总而言之，暗藏在我们心中的许多事情，当你想要隐瞒的时刻，就越容易说错话或做错事，无意之间让心虚表露无遗。

苛求完美的人爱发牢骚

"我们老板真抠门啊，只知道加班，不知道给加班费。"

"那家伙真是令人讨厌，事情做不好就早一点说嘛！一点也不为别人考虑。"

像这种上班族喜欢在喝酒时发的牢骚话，一说就没完没了。为什么有人特别喜欢发牢骚呢？因为人生在世，不如意之事十之八九，人们总想吐吐苦水。

而在这群人之中，有些人总是抱怨。像这类抱怨多的人，多属于追求完美的人，凡事要求高水平、高理想，心中有美好蓝图，由于达不到理想，自然也就开始牢骚不断了。

这些满腹牢骚的人当中，很多人缺乏自信。如果他们能够认清事实，了解自己本身也并非十全十美的话，就可以少一点抱怨了。然而他们过于相信自己，认为自己的表现完美无缺，因此常会愤世嫉俗地认为："我这么努力在做，可惜其他人都笨得像猪，只知道拉后腿。"在他们的心目中，自己永远不会出错。因此，这种类型的人可以说是非常难相处的。

在这些人之中，也有许多有才能，但怀才不遇的人，他们人际关系不好，以致无法受到提携。当身边有人在，就总是吐苦水，但谁都不喜欢当别人的垃圾桶。因此，当身边那些受不了你抱怨的人，一个接一个地离开，只剩下自己孤单一人时，你就要及时分析自己的缺点了。

但话说回来，若世界上没有这样的人存在，世界便无法进步。 正因为有这些会抱怨、敢批评的人存在，才能让人们更加努力追求完美。 这些老是抱怨的人虽然啰唆，但更能发现缺陷，并拥有傲人的才能，所以有时候不妨侧耳倾听，会有意外收获。

握手可以传递对方的心思

握手时的力量很大，甚至让对方有疼痛的感觉的人，他们常常自负。 但这种握手的方式在一定程度上表明对方的真诚与真情。 同时，他们的性格也是坦率而又坚强的。

握手时显得不积极主动，手臂紧紧靠拢身体的人，多是小心谨慎，封闭保守的。

握手时轻轻碰触，这种人多内向，他们时常悲观，情绪低落。

握手时显得迟疑，多是在对方伸出手以后，犹豫再三才伸手。 排除掉一些特殊的情况以外，在握手时有这种表现的人，性格多疑、内向。

不把握手当成表示友好的一种方式，只是例行公事，这表明此种人做事草率，缺乏诚意。

一个人握着另外一个人的手，很久才收回，这是一种测验支配力的方法。 如果其中一个人先把手抽出、收回，则耐力不如对方。 相反，另外一个人这样做，也说明耐力不足。 总之，谁能坚持到最后，谁取胜的把握就大一些。

在与人接触时，握紧对方的手后马上放开。 这样的人在与人交往中多能够很好地处理各种关系，与每个人的关系都很好。 但这可能只是一种外表的假象，其实在内心里他们是非常多疑的，他们不信任任何人，即使别人是非常真诚和友好的，他们都会小心提防。

在握手时，手心潮湿、紧张的人，在外表上，他们的表现冷淡、漠然，非常平静，一副泰然自若的样子，其实他们的内心并不平静。只是他们懂得用各种方法，比如说语言、肢体动作来掩饰不安，避免暴露一些缺点和弱点。他们看起来是一副非常坚强的样子，让别人以为他们很坚强。在比较危难的时候，人们可能会把他们当成是一颗救星，但实际上，他们遇事则乱。

握手时显得没有一点儿力气，像是为了应付，而被迫去做的人，他们在大多数时候有些软弱。他们做事缺乏果断、利落的干劲和魄力，显得犹豫不决。他们希望引起别人的注意力，可实际上，其他人往往在很短的时间内就会将他们忘记。

用双手和别人握手的人，表示热情，甚至过分的热情，让人觉得无法接受。他们大多不习惯于受到某种约束和限制，喜欢自在地安排生活。他们有反传统的叛逆性格，不太注重礼仪、社交等各方面的规矩。他们在很多时候不拘小节。

把别人的手推回去的人，他们有防御心理。他们常常感到缺少安全感，所以时刻都在做着准备，在别人没有进攻之前，自己先给予有力的回击，占据主动。他们不会轻易地让谁真正地了解自己，因为这会让他们感到更加不安。他们之所以这样，在很大程度上是由于自卑心理在作乱。他们不会轻易相信别人。

习惯于抽水机般握手方式的人，他们大多有相当充沛的精力，可以担任数职。他们做事非常有魄力，说到做到，干脆而又利落。除此以外，这些人也很亲切随和。

像虎头钳一样紧握着对方的手的人，表现得十分冷淡，有时甚至是残酷。他们希望自己能够征服别人、领导别人，但又表现得十分谦虚，常常运用一些策略和技巧，在自然而然中达到自己的目的。可见他们的心计。

如何区分花言巧语

在现实生活中，有些人为了达到自己的目的，或是想往上爬，或是想获取某种利益，便采取说好话的方式，以花言巧语来巴结、奉承别人，或是做出行为过于亲密的举动，让你上当受骗；也有的人是采取拉关系、套近乎的方式，拐弯抹角地想和你套近乎，这些人都是应该警惕的。要想摸准这种人的心理特征也并不难，因为急功近利是这些人最直接的表现，所以其内心活动也就暴露无遗。我们一起来看看下面的故事，或许能从这些故事中得到启发。

荀攸是曹操的谋士，他从小就是奇才，13岁那年，他的祖父去世了。在他的家人非常伤心时，他祖父昔日的下级张权跑来吊丧。张权一走到荀攸祖父灵枢前面，就大放悲声，如丧考妣。他哭着，一而再再而三地要求为逝去的老太守守墓，以报答老太守的深恩大德。张权的虔诚表现令荀家上下十分感动，怀着感激之心的大家准备答复他提出的请求。这时，始终不动声色的荀攸，经过观察，觉得这个人的行为不太正常。他想到祖父生前从来没有向家人提起过张权这个人，可见他与祖父并无深交，也没有听过祖父对他有什么大的恩惠。他觉得一个人施之过重，必有他意。此人对死者的悲情言不由衷，对死者的爱也不是他表现出来的那样。而且张权请求过切，谈吐又闪烁其词，料他必有所隐；再者张权面带惊扰，必有所惧。荀攸看出破绽，急忙和叔父谈了自己心中的疑惑。果然，待叔父唤过张权，经过一番盘查，张权便招认自己犯了杀人之罪，想以为老太守守墓之名，逃脱法律的制裁。

荀攸识破张权的言行时，采取站在一旁静听，和他保持一定距离地旁听，一边听他说话一边搜索记忆，回想祖父对这个人的态度和这个人所表现出来的行为，经过对照，确定张权言行有诈。

总之，对向你花言巧语的人，应该采取提高警惕、戒备和慎听的态度，才有可能避免被对方所骗。 再看另一故事：

吕布战败，被曹操手下擒获。

曹操非常高兴地得知生擒了吕布的消息，曹操爱才，素知吕布骁勇善战，武艺高强，天下无敌。虎牢关刘、关、张三英战吕布，也只不过打了个平手。曹操本来就有让吕布归降的想法。吕布这个人，武艺虽然高强，却没有自己的政治立场，先是做了丁建阳的干儿子，被董卓用高官厚禄收买，杀了丁建阳；后做了董卓的干儿子，又被王允巧用美人计破坏了他和董卓的关系，他又杀了董卓。他唯利是图，反复无常，对他这个人的品性，天下人都有评论。当他被曹兵抓到时，他又显现出他贪生怕死的性格。当他被推到曹操帐下时，他便用可怜的声音试探曹操，说："缚得太紧了，实在难受，请稍松一点行吗?"曹操讪讪地说:"缚虎不得不紧。"吕布听出曹操有想留住自己的想法,便乘机说:"丞相所顾虑的,不过是我。今我为你所擒,只要不杀我,我真心实意地辅佐你,天下何虑之有?"吕布一席话说出来,有哀有求,正和曹操想的一样。曹操听后,就打算留用吕布。

可是,曹操佯装思索。吕布担心曹操犹豫,见刘备坐在曹操身边,恳求刘备能为自己在曹操面前说几句好话。曹操这时也想听听刘备的意见,便两眼看着刘备。想不到刘备突然说出一句话:"丞相难道不记得董卓和丁建阳吗?"就是刘备这句话提醒了曹操,吕布被曹操下令的刽子手推出去斩首了。

曹操熟知吕布为人,因为他高超的武艺所以想要收留他,又被他花言巧语所迷惑,正要免他死罪收在麾下,刘备的一句话使自己顿时清醒,立刻改变主意将其斩首。姑且不论刘备一句话出于何种用心,就凭吕布这样的品质,曹操一旦留下来,对他自己来说,也可以说是凶多吉少。

总之,保持对花言巧语的戒心,"害人之心不可有,防人之心不可无"。对突然闯进来的"善意",对超越范围的"亲热",对为了达到个人的愿望而进行的乞求,都应该慎听、严察,一旦被花言巧语所蒙蔽,又不听人提醒,就会导致不可想象的后果。

好揭人隐私者的四大动机

或许不会有人不喜欢听别人的隐私，所以报纸杂志，才会乐于报道政治家、企业家、文体明星的花边新闻。

据说女性很喜爱这类报道，但男性也不逊色，往往在他们喝酒时，也会把他人在单位中的事情拿出来谈谈，一来这可解除他在工作单位中的紧张；二来也可以把在工作单位中获得不了的证据得到。

四五个同一单位的同事聚在一起谈话，话题总喜欢围绕工作单位中的消息打转。此时，有的人扮演的是提供话题的角色，当着大家的面揭露隐私；有的人则扮演听众的角色，于是说闲话的条件便成立了。

仔细分析这种揭人隐私者，其心理动机到底何在呢？

1. 想排解欲望得不到满足的郁闷心理

这种人大半部分的价值观与上司有差异，而自己的意见未被采纳，心中感觉不痛快，才会提供这些话题。

当然，他不觉得这是自己身上存在的固有的问题，而认为是全工作单位的人都对上司感到不满，所以揭露上司也就成了他的义务，让大家的憎恨与攻击欲望得到满足。因此，这种人往往会在言谈之中，说一些刻薄的话，且希望听众和自己是站在统一战线上的。

2. 基于嫉妒的心理

这一类话题的对象，不是上司、部下，而是同事。所以，这类话题容易与上司产生共鸣，并且深受异性的欢迎。 所提供的话题，话题内容往往是私生活，以企图破坏其形象。 如果再加上听众对这个对象不怀好意，提供话题者更容易达到自己的目的。

3. 听众可以通过种种隐私，掌握上司在工作单位里不为人知的一面

由此，听众得到的与以往截然不同的印象，可能以前会觉得话题的对象是个死板的人，想不到听了他的有关传言，才知道他原本很有人情味。 或者平时他看起来知书达理，事实上不过是个庸俗的人。

4. 大伙儿聚在一起时，互相打听别人的私生活

提供消息的人，无非是心中对对象怀有敌意、羡慕、自卑等情结，而且听众多半都有这样类似的心态，但绝大多数人都是比较好奇的，所以才会注意听。 但一旦听众认为提供话题的人所说的内容与事实不符时，就认为他是个造谣的人，而对传闻置之不理。

贪吃爱喝的人怕孤独

一位很年轻的女孩去看病，说最近 3 个月，她的体重增加了 15 公斤，而发胖的主要原因是吃得太多。

这位女孩，毕业于一所外地的专科学校，3 个月之前来到本地。她以前从未离开父母单独生活，但因为毕业分配，因而不得不离开父母。抱着对将来有很大的希望的她，便搬来本地，过着枯燥无味的孤单生活。每当从公司回到宿舍的时候，没有人去迎接她，只有冷清、黑暗的空屋子，只有她自己动手准备晚餐，这就是她每天的生活。

她难以忍受孤独的生活，因此当她独自在鸦雀无声的屋子里时，会涌起吃东西的冲动，所以就开始乱吃东西，因为只有多吃，才能让她心里获得平静。这次冲动刚刚平静，下次的冲动又会袭来，于是随着自己的冲动她不断地吃，到最后一天三餐根本吃不饱，得一天吃六七餐，之后她便养成了这个习惯，日子一长她只能每天不停地吃。

不久后，除了每天吃以外，还必须把冰箱塞满食物，否则她就会感到非常的不安。而且她把这种离不开食物的习惯，也带到了单位，经常把办公室的抽屉塞满饼干、面包，只要一有冲动，也顾不得是否在上班，马上偷偷拿出零食来吃。因此，3 个月胖 15 公斤也是不足为奇的。

这种原因的形成，源于她离开了父母。当心里感觉孤寂时，没有别的排遣方式，只有吃东西才能安抚自己孤独的心灵。除了食物外，当人在失意、孤单时，类似"借酒消愁"的冲动也会随之产生。

这类人，除了吃得很多外，也很爱说话。由于满足口欲可以是多说话，所以，我们常可看到有的女孩子一边谈话一边不停地吃东西，外表上她们看起来虽然是个成熟的大人，但心理状态仍停留在爱撒娇、未成熟的小孩子阶段。

第七章

从心出发，所有人都会帮助你

予人头衔，使人相助

头衔是虚幻的东西，它不会使人的经济收益增加，但它可以极大地增强人们心理上的满足感。很多人为了取得自己的成功而给予他人一个光辉闪耀的头衔。

斯坦梅茨是一名非常有潜质的电器公司职员。但是，在他就任通用电气公司的行政主管时，他的工作表现使公司领导很是失望。最终，他的行政主管一职也被撤销了，变成了顾问兼工程师。那么，怎样做才能使斯坦梅茨改变工作态度，提高工作的积极性呢？

这时，高层管理人员想出了一个绝妙的主意。他们把一个耀眼的头衔——"科学的最高法院"授予了斯坦梅茨。一时之间，每一个公司里的人都知道：有一个叫斯坦梅茨的工程师非常了不起，他被称为"科学的最高法院"。而斯坦梅茨为了自己这份崇高的荣誉，工作总是竭尽全力，创造了很多奇迹，为通用电气公司创造了巨大的经济效益。

头衔是一束美丽的奇葩，面对它，几乎没有人能够真正抗拒。头衔让许多人激动不已，能激发他们的工作热情，发挥出他们潜在的才能。一个小小的头衔真的拥有如此巨大的魔力吗？

事实的确如此。

一方面，从个体心理学的角度看，当光辉闪耀的头衔笼罩着一个人时，他对自己的认知就发生了改变。潜意识中，想让自己的行为和头衔相匹配，如果他不按头衔的要求去做的话，他就会产生认知失调，也就是自我认知和言行冲突，从而心理上会产生不适。因此，为了防止出现此种情况，他的言行一定会积极地配合潜意识中的思想。

另一方面，从社会心理学的角度看，当人们的头上笼罩着耀眼的光环时，实际上是被赋予了某种社会角色。

著名心理学家津多巴做过一个有意思的科学实验：

> 参加实验的都是男性志愿者。并将其划分为两组，一组扮演监狱里的"看守"，另一组扮演"犯人"。
>
> 一天后，每个人都进入了自己的角色状态。"看守"变得十分暴躁和粗鲁，甚至想出许多体罚"犯人"的方法。而"犯人"也呈现出他们在"监狱"中的不同反应，有的消极地接受一切，有的开始积极反抗，甚至有的会像看守一样欺辱其他犯人。

人都有一种自我的言行与头衔相匹配的天性，抛开头衔后，人很难会采取行动。

作为美国劳工协会缔造者的赛谬尔·冈伯斯，就深刻地认识到了这一点。在刚开始的时候，在面临资金短缺的同时，他的另一难题是寻求合作者。为此，他创立了"民间委任状"，专门把荣誉称号授予那些愿意组织工会的人。通过采用这种方式，在短短的一年时间里就有 80 人与他建立了良好的关系并提供帮助。 从此以后，加入这个群体的人也越来越多。

　　著名的军事家拿破仑也创设了许多头衔和荣誉称号。 他设立了十字荣誉勋章，1500 多个臣民被授予这种勋章。 采用了法兰西的官衔制，并给 18 位将官授予了官衔。 他还将"大军"头衔授予那些优秀的士兵……他良好的人生基础就是通过这样的方式逐步打下的。

强盛的气势能助你不战而胜

古代，有一个人叫纪渻子，训练斗鸡是他擅长的工作。一天，君王让他代为训练一只斗鸡。10 天过后，君王询问训练情况："斗鸡训练得怎么样了？最近是否可以派上用场了？"纪渻子回答道："时机尚未成熟，它杀气腾腾，一上场即横冲直撞随处逃窜。"

又过了 10 天，当纪渻子再次被君王询问时，纪渻子还是回答说："不成！它只要一听到斗鸡的叫声，便马上斗志昂扬，没法保持冷静。"

又过了 10 天，君王又来询问此事，说："怎样了？是时候可以派得上用场了吧？"纪渻子仍然摇头，说："还不行，在它目所能及之处只要看到有斗鸡的身影，便会立刻冲上去与之蛮斗。"

最后 10 天很快过去了。君王像前几次一样再次询问纪渻子，纪渻子终于给君王满意的答复了："大功告成！如今置身竞赛场的它，不论其他的斗鸡如何挑其怒气、煽其斗志，它都不会为之所动。这就是内心充满'德行'的证据。现在，不管其他的斗鸡有多么厉害，只要看见它，都会落荒而逃。"

军事上讲究"攻城为下，攻心为上"，说的道理就跟上面讲的例子一样。一个真正的强者是不会将威严流于表面的，他震慑的是人的心理，让人感觉他高深莫测。他的内心世界让他人无法真正了解，因此他人认为最好的选择就是听从于他，俯首称臣。强者不声张，不傲气，给人一种捉摸不透、神秘莫测的感觉。正是这种感觉，把他们独有的性格给予凸显，让他人心甘情愿地敬畏、崇拜。内心沉稳、不怒自威才是处世的最高境界。

纪消子高超的斗鸡术是我们不得不承认的，他将斗鸡培养成大智若愚的木鸡，锻造了斗鸡的内心气势，让恐惧感充满其他斗鸡的内心，不战自败。人也应该同那只斗鸡一样，要学会涵养、沉稳，大意随便只会流露出无知的本质。只有长时间地积累气质才能够使自己的能力得以提升。

在当代竞争日益激烈的社会，我们在与对手搏斗时不要操之过急，而要注重气势的培养。急于求成不但不利于竞争，还有可能成为我们失败的原因。韬光养晦、引而不发，培养自己深沉、淡泊名利的品质。当我们的修行到了一定境界的时候，自然而然就会把内心的威慑力给流露出来，竞争还未开始，我们的对手便会甘拜下风，胆怯退出。

如今，"木鸡"是很多企业者所属的类型，他们给自己的团队带来了极大的影响。虽然平时这类人的话语不多，可一旦出口，句句都很在理，可谓"一语中的"！要么不说，要说一定说到点子上，并且让它发挥作用。

做一个强者、智者，不需要豪言壮语，只需要不怒自威的气势。

"苦肉计"能助你制服狡猾的人

我国兵法中重要的一计是"苦肉计"。 在面对狡猾的对手时，唯有付出血的代价，才能将之制伏。

为了登上王位，吴王阖庐派人暗杀了吴王僚，僚的三个儿子逃亡在外，吴王阖庐认为斩草未除根，日夜难安。

一日，阖庐对大臣伍子胥说："僚的三个儿子，其中最勇敢善战的是庆忌。听说他在外网罗部属，发誓要为父报仇，打回吴国，只要这个人在世上，一天我也不能安下心来！"

伍子胥说："庆忌狡猾多计，的确是强敌，他活在世上一天，大王就危险一天。臣向大王推荐一人，他可以帮助大王解决烦恼。"

于是伍子胥把一个叫要离的人带去拜见吴王。阖庐见要离身材矮小，形象丑陋，与他想象的志士形象相去甚远，不禁大为失望。阖庐的心思被伍子胥看出，伍子胥劝他说："好马贵在能负重致远，而不在其形体的大小。要离虽其貌不扬，但是智勇无敌，这并不是一般的人啊。"

要离不卑不亢地对阖庐说："靠智慧而不是靠体力杀人的人，才是善于杀人者。历朝谋反的人往往是暗争而不是明斗，若能让我亲近庆忌，消除他的防备，杀他岂不是轻而易举的事吗？"

阖庐被要离的话打动，马上以礼相待。三人计议多时，终于想到了刺杀庆忌的方法。

次日，伍子胥在朝堂上请求吴王讨伐楚国，并且推荐伐楚将领由要离来担任。吴王阖庐故意不屑地说："这个重任要离怎么可以担当呢？他这个人无德无能，寡人只是可怜他才将他留在朝中。何况吴国刚刚安定，如果出兵打仗，寡人还能享受安稳的日子吗？这个建议寡人不能采纳。"

群臣哑言，这时要离却指着吴王阖庐的鼻子，愤愤地说："小臣可以让殿下侮辱，但是您不该对伍子胥不讲道义。伍子胥帮您夺取王位，又助您治国安邦。吴国百姓因此才能安居乐业。大王曾言替他伐楚报仇，如今无故失信背约，这样做，大王有何颜面面对天下苍生，如何让人信服呢？"

吴王阖庐色变大怒，命人对要离施以重刑，将其打入死牢。同时吴王下令捉拿了要离的妻小。几日后，伍子胥密令狱中看守放松对要离的看管，帮助他逃离了吴国。要离的妻小被阖庐杀死了，并将其公挂于闹市，让每个人都知道这件事。

要离逃出吴国，便一路赶往卫国。庆忌见了要离，听他哭诉之后，对他还是心怀疑虑，庆忌对心腹说："我是阖庐的眼中钉，谁知这是不是他主使的苦肉计呢？"

庆忌的心腹说："要离的右臂被砍掉，到达卫国也可谓历经千辛万苦，若说阖庐使计，要离也不会自残自苦到这样的地步，您多虑了。"

不久，庆忌的密探把要离妻小被杀之事告诉庆忌，庆忌顿时消除了对要离的怀疑，他高兴地对心腹说："肢体自残，要离或许可做到。可是要把妻小的性命舍弃，只为骗我信任，于情于理都说不过去了，谁会这样残忍呢？"

于是庆忌视要离为心腹，把重要的职位给他。要离见自己和阖庐、伍子胥谋定的计策成功，于是趁热打铁，劝说庆忌对吴发兵。庆忌对他言听计从，将全部兵卒出动，顺江而下，向吴进军。

庆忌在指挥船上，让手持长矛的要离侍立其旁。庆忌得意地审视着大军，要离趁其不备，一矛刺透了庆忌的心窝。阖庐的心腹大患被解除，终于可以安心了。

隐藏起自己的真实用心，有时还要付出惨痛的代价，但不做必要的牺牲，狡猾的对手就难以消除疑虑。采用这种办法欺骗敌人，获取他的信任，用他最忠心的人也难以做到的事触动他。相信任何一个人都会为之触动，都会掉进你精心设计的陷阱。

情趣诱导，步步为营

我们在求人办事，特别是求陌生人办事时，对方是否愿意帮助你？ 是否会为了你竭尽全力地把事情办成？ 让别人死心塌地帮助你的关键是什么？

关键是他的内心。 在他的内心世界如何想问题，就决定了他对你提出的请求是帮还是不帮。 从心理学的角度讲，人们完全是在外在情趣和利益诱惑的作用下想问题。 比如一个人对 A 有好感，他就会说对 A 有利的话，也会做对 A 有利的事；反之，他原始的心理就是排斥的。

所以，人们在请别人办事时，为了让对方应允或帮助，就应该想办法吸引他，或者设法让对方对此有兴趣。 很显然，人们对那些有兴趣的事情或者认为会有回报的事情，会乐于投入自己的精力、财力等。 这就是情趣诱导法。

曾有这么一则寓言：

> 有位车夫拉着车上桥，桥很陡，使尽全身力气都难以拉动车子。他急中生智，用力顶着车把，放声唱起歌来。他这一唱，前面的人停下来看他，后面的人想寻个究竟，就快速地追上了车夫。这个时候车夫要求大家帮忙推车，通过大家的帮忙，车就被推上了桥。

聪明的车夫利用人的好奇心理，因此他不靠蛮力一个人拼死拉车，而是通过唱歌来实现自己的目的。

这位车夫的求人策略堪称高超过人、无与伦比。原本是要求人办事，结果却成了别人自觉自愿的行为，技术之高令人佩服。

这则寓言告诉我们，有时"央求不如婉求，劝导不如诱导"。要想诱导别人，首先就要先激发起别人的兴趣，引发他内心的冲动。

现实中，我们在请人帮忙时，可以采取介绍的方式，把对方的好奇心和兴趣激发出来，诱导对方深入地了解工作的原理和目前所面临的困难。那么，说服对方就会变得非常容易，从而让他们慷慨解囊。

贝尔是世界上著名的发明家。有一次，他出门去筹款，来到大资本家许拜特先生家中，希望他能对正在进行的新发明投一点资。但许拜特先生的性格他是了解的，他向来对电气事业不感兴趣。如何激发起他的兴趣，获取他的帮助呢？

他们见面寒暄一阵之后，贝尔并没有直截了当地说明自己的来由，也没有向他讲述科学道理。而是在客厅里坐下来弹起了钢琴。大家还沉浸在美妙的琴声中时，他突然中止，向许拜特说："你可知道，如果我把这只板踏下去，我唱出一个音符，这声音也会被钢琴复唱出来。譬如，我唱一个哆，这钢琴便会应一声哆，您觉得这个有意思吗？"

许拜特放下手中的书本，好奇地问："那是为什么呢？"

于是，贝尔乘机把许多关于电话机的事向许拜特讲述。通过这次谈话，许拜特愿意负担一部分贝尔的实验经费。经费的问题就这样子被贝尔解决了。

另外，我们为达到最终目的而利用这种方法时，还要注意一点，就是要学会循序渐进。

弗利特曼和弗利哲是著名的两位心理学教授，曾在学校附近，以一位家庭主妇巴特太太为对象做了个有趣的实验。他们先打了个电话给她："我们是消费者联谊会的调查员，为更好地了解消费者的实际情况，有几个问题我们想请你配合我们回答一下。"

"好的!"

于是他们把一些简单的生活中的消费问题提出来。此外，这个电话，不仅仅只是打给了巴特太太，同时也打给了其他的很多人。

过了几天，他们又打电话了："不好意思，再次打扰您。现在，为了扩大调查，将有五六位调查员这两天到您府上当面请教，还希望您可以理解并给予支持。"

这件事情看起来非常棘手，但巴特太太同意了，什么原因呢? 因为有了第一个电话的铺路。相反的，他们在没有打过第一个电话，而直接把第二个电话中的要求提出来时，同意他们的人少之又少。最后以百分比计算，前一种答应他们的占52.8%，而后者只有22.2%。

据此可知，向他人有所请托，应由小到大、由微至著、由浅及深，逐步渐近才是明智之举。 如果太大的请求在一开始就提出来，注定会失败。

　　可见，学会循序渐进，一点一点引别人接受，一点一点诱别人上钩，这个小诀窍不仅在求人办事时有用，也是成功的捷径。

"意外"能改变他人的想法

一般情况下，我们遇到态度固执的人，往往会束手无策，甚至会有放弃说服他们的念头。面对这种情形，我们可以创造"意外"来改变他的想法。

以前一般的美国人都认为奶油比人造黄油好，导致人造黄油的销售量日趋下降。但是人造黄油的经营者们却信心十足，他们打算尽最大努力，让人造黄油替换奶油。他们尽所能做大量的宣传，希望把人造黄油的销售量提高。他们这样做就是想打破"人造黄油不如奶油"的守旧思想。因此，有关机关受经营者委托，调查造成这种偏见的原因，经营者也采取了相关举措。

在某次午餐会上，有很多妇女说她们对人造黄油和奶油有很好的辨别能力，她们认为人造黄油有腥臭味。于是调查人员把黄、白色各一块奶油状的食品发给她们请她们鉴定。结果，95%以上的妇女认为黄色的是奶油，认为它的味道纯正。认为人造黄油是白色的，并说有腥臭味。

但是，最终公布的结果却令人意外，黄色的是人造黄油，白色的是刚刚制造出来的奶油。

心理学家们很想了解那些鉴定错误的太太们当时的反应。但是经营者没有直截了当地说"太太们，你们的嗅觉是不是出现了什么问题?"他们并没有采取这种愚蠢的行为来破坏对方的先入之见,而是把这个话题给避开了。相反他们通过宣传人造黄油给人们带来的"满足感"而提升了销售量。

因此,如果对人们的先入为主的接受过程有所了解,就不应该从正面反驳对方的先入之见,否则会使他产生逆反心理。而采取的方式应该是对方毫无察觉的,给予他意外的体验。这样,我们获得的结果将令我们惊喜。

另外,让对方有意外的体验,从而改变其先入之见,用言语劝服对方也是不可少的方式。

马丁和瑞恩两人为了让自己的日常开销增加,分别对妻子展开说服攻势。

首先,让我们来看看马丁的说法:

"你想想,上次加钱是什么时候?我已经记不起来了……你知道吗?我最近都被同事说变得小气了,这样,我的人际关系会被影响的。再这样下去,大家一定都会疏远我。你曾经也在社会上工作,被人排挤的滋味应该也了解吧!它会严重地影响我的工作情绪,我的苦衷你一定能够了解的!"

马丁太太听了丈夫的话,认为丈夫的话有道理,说:"是呀,看来你的零用钱确实应该加点了,万一影响工作就不好了。这样吧,从这个月开始,每个月多给你增加3000元的零用钱!"

马丁先生就这样轻而易举地增加了零用钱。紧接着我们再来看看瑞恩先生是怎么说的。

"喂，从这个月开始再多给我3000元的零用钱！你从来就不替我考虑，现在这个样子，酒不能喝，烟也不能抽，这是什么生活？总之，我的零用钱尽快给我加了。"

听到这话的瑞恩太太火冒三丈："你说的是什么鬼话！不是前些天刚加完钱吗？你哪一天不是喝得醉醺醺回来？烟也是一根接着一根抽，却还说什么没烟抽，没酒喝。你还想要加钱啊？开玩笑，不行！"

"刚加钱？我记得那件事是三年前的吧。喂，只要你少参加几次才艺班，那3000元不就可以省出来了吗？拜托嘛！"瑞恩先生看太太有些动怒，便缓和了一下语气。

"好吧，那就加1500吧。"瑞恩太太不情愿地说了一句。

"哎呀，我看你这个人就是小气！"

由此可知，马丁、瑞恩两位先生，在争取提高零用钱一事上，虽然自己的目的都达到了。但我们却可以明显看出马丁先生略胜一筹。而从成功的技巧来看，瑞恩先生是有失君子风范的成功。这是为什么呢？

因为瑞恩先生的劝说压根就没有把自己心中所想表达出来。因此瑞恩的太太对丈夫要求加钱的理由完全无法理解，而最终加钱是迫于丈夫死缠烂打的无奈，如"减少你的才艺班课程"。由此不难预见，今后这对夫妻在遇到更难处理的事情时，将会是什么样的场面。 在他们心中，并没有打算把自己的想法明确地告知对方，进而说服对方。 而只是盲目地逼迫对方采纳自己的意见，直到让对方无奈地接受为止。

通过马丁夫妇与瑞恩夫妇之间的比较，不难看出说服技巧的重要性。

马丁先生把自己缺少零用钱的苦衷向妻子阐述了，让妻子了解到，这种状况如果持续下去对于她也是相当不利的。 于是，太太细思后发觉如不增加丈夫的零用钱，不良后果确实会随之而来。 于是当机立断，答应了马丁先生的请求。 马丁先生极其聪明地抓住此关键，把自己的利害关系巧妙地与妻子联系在一起，让妻子欣然接受他的意见。

在进行劝说之前，什么是我们应该做的呢？ 卡耐基认为所谓的说服是：替对方的行动制造契机，把对方行动的欲望、情感等唤起。 将自己希望对方做的事情，逐步地演变成自主的行为。 在这个过程中，在让对方充分理解你的同时，更应该让他清楚地明白，如果对方采取行动他能得到什么样的好处。 总之，说服，就是把你的想法让别人深刻地了解。

所以，在先入之见上你要使对方有客观的认识，如果想让对方接受你的请求，就请遵循这一规则：改变一种方式，把全新的体验带给对方。

不要把眼光停驻在他人的错误上

怀特·露丝姐妹三个和父母相亲相爱。一年夏天，三姐妹自驾去郊外游玩。比较有驾驶经验的是两个姐姐。露丝的驾照则是在她刚满 16 岁时才拿上的。经过商量，大姐和二姐决定，在繁华的市区由她们两人驾车，而露丝就在人烟稀少的地方练练手艺。到了郊外，露丝开着车，兴奋地有说有笑，然而新手驾车很容易心慌，她本来想在红灯亮起之前通过路口，但却没能如愿，一辆从侧面驶过来的大拖车与她们的车相撞，大姐当场死亡，二姐头部受伤，露丝也腿骨骨折。接到电话之后，露丝的父母马上赶往医院。露丝原本以为父母会责怪她，然而她和姐姐只是被他们紧紧拥抱着。擦干两个女儿脸上的泪后，父母开始谈笑，就好像真的什么都没有发生过一样。父母对于两个幸存的女儿，尤其是露丝，始终温言慈语相伴。

父母当时的行为出乎所有人意料。几年之后，露丝问父母，为什么当时没有责怪她，因为姐姐死于非命正是因为她闯红灯造成的车祸。

令人感动的是父母平淡的回答："你姐姐已经离开了，即使我们再说什么再做什么，都于事无补，但是你的人生还很漫长。如果你背负着'造成姐姐死亡'的包袱，那么我们的责难会让你也丧失一个完整、健康美好的未来。"

露丝的父母告诉我们事后的责备并不能说明什么，甚至有的时候它一点用也没有，心灵和未来才是最重要的。 聪明的人不会轻易去批评、指责和抱怨别人。 在企业管理中，产生无往而不利的绝佳效果的原因往往是善解人意。

事实上，如果将来自不同文化背景、经济地位、不同目标的人组合在一起，那么企业管理层面临的最大问题就是怎样让所有人共谋企业发展。 而激励艺术要解决的问题就是：如何使各类人员的积极性被充分调动起来，形成合力。 对一个出色管理者的要求并不是时刻都能想出绝妙办法，一个出色管理者必备的素质是能营造出一种家的氛围，激励员工想出绝妙办法。

惠普企业的理念在于：让员工知道要做什么，然后，放手让他们去做。 在惠普公司，无论哪个部门的员工，总是怀着饱满的精力和热情，在谈论他们公司产品的质量时，都会非常自豪于他们在该领域中取得的成绩。

成功领导者非常注重的工作是对犯错的下属进行开导，他们会十分注意批评、质问的语气，而不会将自己的目光死死锁定在下属的错误上。 一向以节俭闻名于世的洛克菲勒，告诉世人："吝啬"绝不是他的成功秘诀，真正重要的是他从来不会在员工犯错之后，一味盯着他们的错误大加责难。 他的一位生产合伙人叫贝佛，贝佛由于一时大意导致在南美经营的一桩生意出了差错，使公司在一夜之间损失近百万美元。 几乎所有的人都认为，洛克菲勒一定会痛骂贝佛。 然而，事后，洛克菲勒只是平和地对他说："恭贺你保全了我们全部投资的 60%，这次相当棒，但是我们无法做到每次都这么幸运。"

　　作为管理者，无论下属做对或做错，都不能视而不见。因为他们的支持和配合是你获取成功的重要条件。如果你不是伯乐但下属却是千里马，那么在你愚笨的驾驭下，连普通的马都会超过他们。

给人好处不要张扬，予人恩惠无须张扬

郭解是古代有名的大侠。有一次，洛阳某人因与他人结怨而心烦，为了调停多次去央求地方上有名望的人士，无奈对方就是不给面子。后来他找到郭解门下，请他帮助化解这段恩怨。

郭解接受这个请求之后，亲自到委托人的对手家中去劝解，做了大量工作后，对方终于同意了和解。照常理，郭解不负人托，顺利化解了这场恩怨，可以走人了。可所谓棋高一招，更妙的处理方法在后面。

待一切澄清之后，他对那人说："这个事，我听说很多人都尝试着调解过，但最终都是因为不能使双方达成共同认识而失败了。这次，你很给我面子，能了结这件事情我感到很幸运。可是我在感谢你的同时，也为自己担心，毕竟我身在异乡，在本地人出面不能解决问题的情况下，我出面解决了问题，会让那些有名望的本地人感到没面子。"

他接着又进一步说："不然这么办，我请你帮我一次，表面上让大家认为我没有出面解决问题。等我明天离开了此地，本地的几位绅士、侠客还会上门，你就给他们点面子，算作是他们完成此美举吧，拜托了。"

郭解的做法在帮助别人的同时，还顾及到了其他绅士的面子，换个角度想，他也必然获得了这些人的心。这为他在当地

更好地立足、拓宽人脉创造了有利条件，可见他高超的为人技巧。

我们在帮忙时，应当注意以下事项：

第一，不要让你的帮助变成对方的一种负担。

第二，要做得自然。换而言之，就是说对方无法在当时强烈感受到，但是日子越久越体会出你对他的关心，最理想的是能够做到这一步。

第三，要高高兴兴地帮忙，不要有不情愿不甘心的样子。如果在帮忙的时候，你认为自己很勉强，存在着"这是为别人而做"这样的想法，那么如果对方对你的帮助毫无反应，你一定会大为恼火，认为：我辛辛苦苦地帮你忙，你还不知感激，太不识好歹了！有这种想法、态度都是不对的。

事实上，对方如果也是一个能够设身处地为别人考虑的人，那么他会记得你对他的种种好处，因此你的帮助绝不会像飞出去的子弹一样，一去不回，他一定会在某些时刻用其他方式感谢你。对于这种知恩图报的人，我们应该在他需要帮助时帮助他。

总之，人际往来中，帮忙是互相的、双方的，我们持有的态度应当是理解，一定不可像做生意一样非要做等价交换：你帮了我的忙，下次我一定帮你。这样会忽视感情的交流，也会让你成为一个斤斤计较的人。那么，也不会有长久的交情。

再而言之，"施恩"原本就是在帮助别人，但不是"施舍"，分清二者的含义，才让人更容易接受，才是真正的帮助。

还有一则故事：

一个大雪天，贫穷的村民向村里的首富借钱。那天，恰好首富很高兴，便爽快地答应借给他两块大洋，最后还很大方地说了一句说："拿去花吧，不用还了！"穷人接过钱，小心翼翼地包好，然后就急匆匆地跑回家。首富冲他的背影又喊了一遍："不用还了！"第二天大清早，首富打开院门，发现自家院内已经被打扫得很干净，没有一点积雪，连屋瓦也擦得干干净净。他让家人在村里打听后，得知是那个借钱的村民做了这一切。这时首富恍然大悟：如果给别人施舍，那么别人只能变成乞丐。于是他前去让那个村民写了一份借契，村民眼中流下了感激的泪水。

村民要维护自己的尊严，于是扫雪，而成全了他的尊严的正是首富向他讨债的行为。在首富眼里，世上无乞丐，而村民也从未在心中视自己为乞丐。

学会把他人时时放在心中

不要总计较别人能带给自己什么，自己能为别人做点什么才是应该首先考虑的，即时刻为他人着想，为社会着想，最根本的文明就是如此。 古圣贤人一再告诉我们，在帮助他人的时候不能贪图报答，因为一次性报答过了，帮助人的意义也就丧失了，帮人的初衷与当时也就不一样了。 帮助人是一种缘分。缘分在人与人之间都是一样的，你我互相包容，你中有我，我中有你。 我帮助你，你帮助我，他又帮助你。 当有人请求你帮助时，支配你的是社会共有的缘分，一种情感流通在你的帮助下产生。

生活无须技巧，指的是人与人之间不要怀着某种私有目的，要坦诚相见。 因为一旦对方发觉你在利用他，即使你对他再好，他对你的反感也会产生，他会拒绝和你继续保持关系。要建立真正良好的人际关系，就只能在和别人交往的时候用真心与其推心置腹。 在这种前提下，你再去帮助他，他才会感到人间处处是真善。 对别人的帮助，不能只停留在口头上，要真真切切落实在行为上。 帮助一共有两种,随便帮帮和一帮到底做足人情。 前一种帮助不能否认它是帮助，因为它也能给人带来一些好处，但真正的帮助人并不是随便帮帮，因为这种随便的帮助在关键的时刻未必管用。 能称得上是真正的帮助的，是能够彻底解决实际困难的帮助。

帮助别人需要技巧。 在具体的情况下，当某个人需要你的帮助时，需要注意具体方法，如何帮助他，才能使他真正受益。 一位利用三轮车上坡的残疾人，由于坡度较大，费了很大的劲也没有成功。 热心的你走上前，告诉他如何正确用力他才能上坡。 却忽略了如果顺手推一把，就能轻而易举地解决问题。

单身女子罗斯在华盛顿一个闹市区居住。有一次，罗斯回家时搬着一个大箱子，由于电梯坏了，她只能自己扛着箱子上十二层楼。彼得是一个平时就在大街上散心，偶尔还闯点祸的人，这次他看到累得气喘不止的罗斯，想上前去帮助罗斯。罗斯并不信任彼得，以为他图谋不轨。十分迷惑的彼得，花费了很多唇舌，想要罗斯明白他用心善良，却无济于事。罗斯拒绝了彼得，然而在筋疲力尽地上到五层后，她开始犹豫是否接受彼得的援助。

最终，彼得帮助罗斯把箱子搬上了十二层。为了证明自己的真诚善意，彼得在罗斯家的门口把箱子放下，坚决不进去。后来，罗斯和彼得成了朋友，一年后，两个人结为了一对幸福的夫妇。

人是情感动物，彼此需要的是互爱互助，但不能像自由市场做生意那样直接，一口一个"有事吗"，"我不会忘记你，因为你帮了我的忙"。 忽略了感情的交流，你们的交情无法长久下去。

付出是人人都懂得的事。 你拉着我的手，我拉着他的手，他拉着你的手，一个美丽和谐的社会就会诞生。

做得好比说得好更实用

20 世纪 80 年代末，堤义明是日本企业的帝王，名列全球大富豪首位。 他的西武集团是个超大型企业集团。 如此庞杂的企业集团管理起来，堤义明竟然泰然自若、游刃有余。 难怪他被赋予了天才、怪杰的称号。

如果用中国农村的"村长"来形容生活中的堤义明是再合适不过的了，平凡、正直、开朗、善良、宽容，虽不免独断专行，但在他内心深处同时存在着自己和别人。

通过对堤义明深入分析，人们发现了他有着非凡独特的处世为人之道：他用自己的真诚聚集了西武 10 万职员，而他的开明赢得了商界、政界诸多人士对他的信任。

与其说堤义明是依靠他的巨额财富称雄世界，不如说是依靠他感人至深的品格魅力。

日本人在企业取代了村落的存在之后，便将企业视为将会一生陪伴身边的生活内容。 在他们的心目中，企业老板就是村长，普通职员便是村民，村长要对村民负责，村民要依附村长生存。 而这个大的村落就是西武集团。 10 万村民，不，应该是 10 万户村民，如果再加上他们的家属大致会有 40 万人，如果把几千家同西武集团相关的中小企业包含进来，那么将有 80 万人依靠西武集团生存。 老实说，要养活这么一大群人，实在不容易。

以独裁方式管理的家长式企业，会引起职员的不满和失望，最后破产，这种事情在企业间经常发生。

但堤义明不愧是个好领导。他在家长式的管理模式下，依托与职员的融洽关系，使职员们都相信他，从而不断壮大西武集团。

为家庭内每个成员承担责任，把事业作为公众分享的大众业务，已经贯穿了他创业的始终，他认为自己有责任像一个家长那样关怀照顾这个地方的居民。因此，他的西武职员们大多是他从地方上聘用的，经过认真培训，然后再委派到地方出任要职，以此方式，不断开拓西武企业的新事业。

堤义明同职员建立了密切良好的关系。"水与舟"被他常用来比喻自己和职员的关系，而且他在劝诫自己的时候常用荀子的那句"君者舟也，庶人者水也，水能载舟，亦能覆舟"，10万职员的利益如同滴水积成海洋，企业的平安航行就靠此保障。

堤义明作为西武集团的村长，从不用一个资本家的态度去对待职员。每当他巡视即将建成的新饭店时，职员用的房间、食堂、工作场所以及休息室他都会仔细留意。他认为，员工只有在好的生活和工作环境下，才能促使企业有长足的发展。

他的职员除了有良好的工作条件和娱乐条件外，相比其他同性质的企业薪酬待遇也比较高，对职员的家庭照顾是企业尤其关注的一个环节。

当然，堤义明也会有因压力大发脾气时，但绝对不会跟公事牵扯。在职员被叫去批评之后，他也不会再放在心上，而开除或降职之类就更是少之又少了。

堤义明的处世方法，温暖了公司每一个职员的心。

日本企业中，职员的从业态度一般有以下几种：自觉主动地为公司着想并努力的占 1/3；顺利完成业务，但是是在上司的催促下的占 1/3；而剩下的 1/3 就是缺乏工作热情，不肯好好工作的员工。

然而堤义明的职员，几乎全部努力自愿地为公司去工作，100% 属于一等的优秀职员。

堤义明的幸福则被整个日本企业界羡慕着，能够获得 100% 员工的支持，何其幸运！

做人要学会变通

我们的工作和生活中难免会出现错误和过失，是勇敢地承认与自责，或是羞愧难耐，想方设法粉饰太平呢？

聪明人往往会选择前者。因为，真心的自责，能有效地减少危害，由此解除隔阂、怨恨。

面对失误，你完全可以这样想：发生这种情况真是太遗憾了，不过我不是有意这么做的。今后为了避免再有这种事情的发生，我应该分析一下原因……这种真心诚意的反省，起到的作用往往会比责难更好。

一位从法国留学回来的中国学生讲法国人乐于认错。有一次，他没有租用电话，账单上却记载了 19 法郎的租用电话费用，他便去电话局询问。接待人员虽不明白详情，却坦率承认可能是电话局的错，并推测是大意的工作人员输错了房间号码。后来，问题查清，失误的的确是电话局。为了向中国留学生道歉，负责处理此事的营业员专门写了一封信，承认自己在工作中仍然有地方需要提高，并给中国留学生免除了部分电话费，作为对他造成麻烦的补偿。

这位留学生通过观察还发现，除了善于认错，法国人也很少埋怨和批评别人。因为考试迟到而抱怨天气或者堵车的学生在法国几乎没有，而踩上了狗屎的人也不会责怪邻居什么。他分析，这也许是法国人认为既然已经遇上了不愉快的事情，再去责难客观已于事无补，而更必要的是为了避免下次再犯同样的错误我们要自我反省。旅法几年，在公共场合很少能够见到法国人吵架。他认为，法国人在生活中之所以冲突少，这是由于他们乐于奉行自我认错的习惯。

变通为人，多反省、少责人是不可少的策略。多认错，如果自己是真的错了，那就争取主动承认；如果不是，有错的一方就会对你表达他们的谢意或者敬意。更为常见的情况，就是责任在双方。在这种情况下，主动认错比横行霸道、惹祸上身要好得多。

第八章

爱与幸福，尽在心与心的碰撞

女人的十种恋爱心理

常言说得好，"女人心，海底针"，又有人说女人的心好似秋天的云。确实，女性的心理多变，让人感觉难以捉摸，使大多数男性追求者或无从下手，或坐失良机，或半途而废，又或者无功而返、功亏一篑。以下分析一些女性的心理特点，也让男性们增强一些破译女性芳心的能力。

1. 直抒胸臆

对于理智型的女性，可以考虑直抒胸臆的方法。追求理智型的女性，须先以强烈的爱情魔力吸引她，采用直爽的方式进攻，或是直抒胸臆。用感情战胜理智，是追求她们的最佳方式。因为一般来说，理智型女性因为充满智慧而让人望而生畏，许多男性往往敬而远之。理智型女性接收爱的机会较少，而直抒胸臆能让她们更真切地感受到爱。

2. 体贴入微

追求内向型女性，可示以关怀、体贴，可以让她在心情不好时向你耐心倾诉，并制造供她宣泄感情的机会。因为内向型女孩子平时不爱表达感情，常因为积压的小事心生压抑，以致容易产生感情的猛烈爆发。如果你能让她感到舒心，你就会慢慢地成为她的倾诉对象和恋人。

3. 以静制动

有些时候女性表面上对你心不在焉，但实际上内心充满矛盾，因为一再地拒绝，会使追求者敬而远之，从而可能使自己饱尝独守空闺的滋味。 但如果你追得太紧，女性会本能地抗拒你，这也是女性的逞强好胜、不肯认输、好奇等心理在作祟。如果你把握住这种女性常有的心理，掌握好追求的节奏，肯定会俘获芳心。

4. 巧留余地

自尊心强的女性通常自信于自己的容貌，当出现追求者时，她们总是不予理睬。 也正因为如此，她们特别注意自己留给他人的印象。 拒绝追求者后她们常会进行一番反省，原先超乎理性之上的感情逐渐降温、冷却，一种担忧在她们心中油然而生。 她们会想，如果自己做得太过绝情，就会被对方认为自己心肠太狠或缺乏教养。 她们很介意这些，这种担忧会使她们努力权衡得失，从而产生对追求者重新评价的意愿。 这就成为你成功表白的好机会，千万不可坐失良机。

5. 旁敲侧击

女性都有一种心理防卫本能，经常用话语掩饰内心真实想法，不喜欢别人一语道破天机。 如果男性自作聪明，戳穿其心事，往往会引起她们的反感。 因此，在追求女性的时候，一定要掌握说话的艺术，要善于察言观色，说话委婉而注意分寸。

6. 单刀直入

大多数女性喜欢直率地表达，虽然初次约会对方就开门见山会让她们感到不好意思，但她们却会觉得这样的男性充满魅力，因而很难拒绝这种表白。 相反，她们讨厌那种说话拐弯抹角、吞吞吐吐、欲言又止、过分含蓄的男性。因此，邀请女性的时候男性要直率，如果对方不喜欢，她可能会暗示或找理由拒绝，如果对方默默不语，你就可以判断她不会拒绝你的邀请了。同时，你还要让她感到是"没理由拒绝才来赴约"，这样做，可以使她得到安慰：她不是一个随便的女孩，她赴约是因为你的苦苦追求。

7. 巧破常规

一般来说，很多女孩的生活平淡无奇，她们渴望变化，盼望发生一些出乎意料的事，让生活增添些变化。所以，刻板的男生是不讨她们喜欢的。当然，在迎合女性的这种求刺激、求变化的心理之前，你必须首先让她们确定你实际上很稳重，然后才能巧破常规，创造新意，使约会充满情趣。否则会弄巧成拙，让女性误以为你行为轻佻。

8. 潇洒从容

女性常常对男性心存戒备。有两类男性不讨她们喜欢，一种是在女性面前呆若木鸡、少言寡语者；另一种是信口开河、举止夸张者。这两种人都是表现不自然的。因而，男性只有保持潇洒从容、真诚自然的本色，才会让女性消除戒心，并赢得其芳心。

9. 先入角色

听众会被说话者的情绪感染。懂得了这个心理，你就懂得了打动女性芳心的方法之一，即技巧高超的谈话。在与女性交谈时，要注意融入你对事件的感觉，加强叙述中的主观色彩，这有助于提高她对你讲述的事情的关注度。因此，男性在与女性谈话前要先入角色，占据主动，谈话间不要压抑自己的情感，融入自己的好恶，热情地营造谈话气氛。

10. 果断自强

女性都希望婚姻为她提供一个避风的港湾。她们喜欢刚毅、果断、勇敢、热情、爽朗、勇于负责的男子汉，不喜欢畏首畏尾、优柔寡断、迟疑不决的男人。因此，男性应该在女性面前充分展现自己的男子汉气质。

女性的心态千姿百态，错综复杂。其实，想了解女性内心并没有万能的方法。上面所描述的只是女性一些基本的心理特性。作为恋爱时期的男性，应该多关注女性的心理，并具体情况具体分析，因时而异、因人而异，运用高超的技巧，抓住女性的芳心，赢得爱情。

男人的五种恋爱心理

由于受各自所处环境、文化教养和个性差异的影响，男性也有不同的恋爱心理。比如说，一个大学生的恋爱心理跟一个搬运工的不一样，而一个城镇男青年与一个农村男青年的恋爱心理也肯定会有不同，更不用说东西方男性的差别。也可以说，这个世界上有多少数量的男性可能就会有多少种不同的恋爱心理。但他们全部都是男性，存在对待另一半的共同心理。

1. 较好的外在形象

人的外表有三方面：其一，容貌气质；其二，身材体态；其三，肤色服饰。男性大都很在意对方的外在形象，即他们看重对方的性吸引力。这点与女性不同，女性不仅会考虑外在形象，还会对男性的家庭出身、经济收入、个人品行等相关方面作考虑。她们还会开始一段试探性的交往，如果其他条件不错，即使外在条件不是特别好，她们也会与对方在一起。

2. 温柔贤惠

自古以来，温柔贤淑都是男性择偶的理想标准，也是无数女性终其一生所追求的目标。所谓温柔贤惠，具体来说，就是对待丈夫温顺体贴；在待人接物上，温文尔雅；在对待长幼上，贤淑大度。温柔贤惠的女性可能没有太多恋爱经历，却是大多数男性选择配偶的最爱。

3. 善于体谅别人

男性为讨心爱女孩的欢心，可谓费尽心思，他们希望听到温柔的关心话语；在外辛苦忙碌了一整天的丈夫都希望得到妻子的关怀和照顾。善于体谅别人，意味着她具有很强的同理心。妻子善解人意的体谅和关心，一直都是男性渴望的。

4. 希望对方年龄比自己小

人类的进化心理决定了从潜意识里，男性就喜欢比他年轻的女性，因为年轻就意味体貌更美丽、性感，意味着感情纯真。虽然有时事实与现实不符，但大多情况都是这样的。年轻的女性更容易吸引男性拜倒在她们的石榴裙下。另外，年龄较小的女性，会无条件地激发男性潜意识中保护弱小的心理。同时，年轻的女性更加依赖较她年长的男性，两者倒也相辅相成。

5. 有才识又含蓄

没有哪一个男性会喜欢和没内涵的人做伴，但他们更不喜欢自己的爱人过于炫耀。如果女性懂得自谦的同时，懂得世故却又本分，即使她们的爱人不明言夸赞，内心也会充满敬重和满意。

登门槛效应在恋爱中的应用

美国社会心理学家弗里德曼与弗雷瑟于 1966 年曾做过一个实验，名为"无压力的屈从——登门槛技术"。

实验过程是这样的：实验者让助手到两个居民区，劝居民竖一块写着"小心驾驶"的大标语牌在房前。 在第一个居民区，助手向人们直接提出这个要求时，其结果是居民们纷纷拒绝，接受的人仅为被要求者的 17%。 在第二个居民区，助手先请求居民完成一个小要求：就是在一份赞成安全行驶的请愿书上签字，而几乎所有的被要求者都照办了。 几周后，再向他们提出竖牌的要求，结果有 55% 的人接受了这一要求。 根据这个实验，弗里德曼与弗雷瑟提出了一个心理学新名词：登门槛效应。

"登门槛效应"又称"得寸进尺效应"，意思是：一个人如果已经接受了他人提出的一个容易完成的要求，为了避免认知上的不协调，或想给他人留下前后一致的印象，就倾向于接受更大的要求。 这种现象，犹如登门槛时要一级台阶一级台阶地登，有助于更加顺利地实现目标。

如果希望对方接受很高的要求，担心对方不愿意接受的话，那就首先向对方提出一个很小的、也很容易达到的要求，等对方接受了，再提出进一步的要求。 人们通常都有爱面子的心理，喜欢扮演慷慨大方的角色。 对于容易办到的要求，一般人都愿意答应。 一旦答应了小的要求，扮演了慷慨大方的角色，他便想要保持这种角色和形象。 所以当你再向他提出更高更难的要求时，他内心会说服自己接受。

登门槛心理效应反映出人们普遍地具有避重就轻、避难趋易的心理倾向。 有个小和尚跟师父学武艺，可师父却什么也不教他，只让他看好一群小猪。 庙前有一条小河，每天早上小和尚要抱着一头头小猪跳过河，傍晚再抱回来。 后来，小和尚的臂力和轻功都有了很大进步。 原来小猪一天天在长大，这样一来，小和尚的臂力也在随之增长，他这才明白师父的用意，其实这也是登门槛效应的应用。

　　登门槛效应除了应用在这里以外，还可以应用在人际交往中，当我们要求某人做某件较大的事情又担心他不愿意做时，可以先提一个类似但较简单的要求。

　　登门槛效应也可以广泛应用在爱情中，如果应用得当，可以很快就让你突破爱情的瓶颈，增进你们的关系。

　　当遇到一个自己喜欢的异性却不知道如何接近，眼看着一份美好的感情就要东流，心中充满焦虑，这时候，建议你使用登门槛效应。 你可以试着先向对方提一个小请求，比如"请给我2分钟时间，可以吗？"对方会觉得"只是两分钟而已"，通常不会拒绝。 接下来你可以忘记两分钟的承诺，打开话匣子聊。 短短的两分钟就有可能扩展为无限长的时间。

　　有人说，因为手机和互联网的普及，爱情也进入了"速食"时代，可以用更好更便捷的工具帮助两性交流。 手机号码、QQ号、微信等即时通信工具的交换都是正常不过的小事。 只要自己不是特别令人讨厌的人，拿到这些信息都不难。因为没有人会毫无理由地拒绝这些小的事情，也没有谁愿意让别人觉得自己不够友善。 获得了与对方多个自由联络的方式，你们之间的关系自然也就进入到下一个阶段。

罗密欧与朱丽叶效应的启示

　　《罗密欧与朱丽叶》是文艺复兴时期，英国伟大的戏剧家莎士比亚的名作。剧中描写了罗密欧与朱丽叶的爱情悲剧，两位主人公深深相爱，但由于两家是世仇，两人的感情不仅得不到家里其他成员的认可，更遭到家长的万般阻挠。然而，他们的感情并没有因为双方家长的粗暴干涉而有丝毫减弱，反而更加相爱以致最终双双殉情。而在东方的中国，早在《罗密欧与朱丽叶》出现的一千四百多年前，就有了梁山伯与祝英台的故事，这个美丽的故事流传至今，经久不衰，它的情节与结局基本上与莎翁的戏剧相同，最后，梁祝二人殉情化蝶。

　　2005 年情人节前夕，我国上映了一部由赵薇和陆毅主演的影片《情人结》，影片的出版发行方以"中国版的《罗密欧与朱丽叶》"为名对其进行宣传。影片讲述的也是一个爱情故事，过程与上面的两个故事情节基本相同，只是结局不同：两人终成眷属。

　　除了在故事传说、影视剧中，这类现象也经常出现在现实生活中。两个主人公相恋，双方或一方父母不同意，可干涉非但不起作用，反而使两人的感情得到加强。而且，父母干涉越多，反对越强烈，两人的相爱也就越深。心理学家称这种现象为"罗密欧与朱丽叶效应"。这是有关爱情的一种"怪"现象，指的是如果有阻挠爱情的外在力量出现，恋爱双方的情感反而会加强，关系也会更加坚固。

为什么"棒打的鸳鸯"反而有更紧密的关系呢？ 心理学上的解释有这样几种：

1. 从选择自由与选择喜爱之间的关系来解释

我们通过一个实验来分析。 美国社会心理学家布莱姆在一个实验中，让一名被试者面临 A 与 B 两个选择。 在低压力条件下，一个人回答他们应该选择 A。 在高压力条件下，另一个人告诉他"我觉得我们都该选 A"。 结果，低压力条件下，被试者实际选择 A 的比例为 70％，而在高压力条件下，只有 40％ 的被试者选择 A。 可见，如果面临的选择是自愿的，人们会倾向于增加对所选择对象的喜欢程度，如果是受强迫的，便会降低对选择对象的好感。

因此，当恋爱双方被强迫做出某种选择时，内心会高度抗拒，这种心态会促使他们做出一些相反的选择，甚至会增加对自己所选择的事物的喜欢程度。 这样的事例在我们的生活中屡见不鲜：某对相爱的青年，尽管遭到父母的竭力反对、亲友的百般阻挠，但他们不仅没有分手，反而更亲密、更大胆，甚至想要殉情反抗。

2. 从维持认知平衡的角度来解释

一般情况下，人们基本上都从内外两个方面寻找自身行为的理由，当外在理由消失后，人们就会倾向于内部，反之亦然。 恋爱双方渴望接近对方等行为的原因，可以解释为双方内在的情感因素和外在亲人朋友的支持。 如果亲人表示反对，便削弱了恋爱的外在理由，这使恋爱者出现认知不平衡的情况，于是，他们只好把内在的情感因素升级来解释恋爱双方的行为，重新平衡自己的认知。这便是中学生在异性交往中易把友情当恋情的重要原因之一。因为好奇心和个性的互补，在异性交往中，双方更容易满足。但许多老师、父母对中学生的异性交往都疑神疑鬼，甚至明确反对。交往者就容易认为彼此依赖，从而误认为自己已经坠入爱河。

3. 从自主需要的角度来解释

因为人们都有一种自主的需要，都希望自己能够独立自主地做出选择，而不是受人控制。一旦别人越俎代庖，代替自己做出选择，并将这种选择强加于自己时，就有一种受威胁感，从而产生一种心理抗拒：对被迫选择的事物感到排斥，同时更加喜欢自己被迫失去的事物。正是这种心理机制导致了罗密欧与朱丽叶的爱情故事在生活中不断上演。

心理学家通过研究还发现，越是难以得到的东西，越能在人们心中拥有更高的地位和价值，对人们越有吸引力。容易得到或已经得到的东西，其价值往往会被人所忽视。

恋爱中的男女和家长都应该从罗密欧与朱丽叶效应中得到启示。

青年男女固然推崇自由恋爱，但父母的反对肯定也有一定的道理，不妨理性地与父母交流一下看法，而不是把恋爱建立在叛逆等不健康的心理基础上。

进行说服教育的家长，也要注意方式方法，不要强行禁止、采取"高压政策"，而要循循善诱、晓之以理、动之以情、因势利导，不分是非地批评甚至羞辱极容易适得其反。

女人应掌握男人的约会心理

在男女约会的过程中，最为遗憾的事情往往是：两人互有感觉却没能在一起。 这主要是因为双方对彼此没有产生深刻的了解，在这时男女有别的差异表现得更加明显。 在约会的过程中，男人和女人的心理、体验不同，约会的心态也不同。 对于同一件事情，两个人的感受不同、表达的方式不同，误会就产生了。 这是约会的最大困难。

女人熟悉自己在每一个阶段的心理特征，但对男人的心理却不甚了解，甚至一无所知。 每个约会中的女人都希望知道男人内心的想法。 "他究竟在想什么？""他觉得我怎么样？""我应该怎么做才能赢得他的好感？"女人都迫切想要知道这些。 只有在了解了男人的这些心理之后，她才能对约会有正确的把握。

大多数男人的约会心理很类似。 为了更快达到目的，很多男人通过朋友的介绍认识另一半，最后才会选择心动的人。 男人要是想接近一位喜欢的对象，大多会主动邀请对方，当然也有例外，比如他特别胆小或者有过强的自尊心。

和女人希望双方感情"循序渐进"的想法不同，多数男人每次约会都目标明确，有的甚至希望第一次约会就能成为情侣。 男人通常将初次约会的地点定在餐厅，然后看电影，然后再是运动或远足。 对男人来说，第一次约会非常重要，如果第一次印象不佳，他很可能去尝试下一个女人。 不是每个男人都有强韧的神经，经得起打击，他们也害怕被无情拒绝。

第一次约会时，男人往往表现得很殷勤。只有在初次约会成功的情况下，男人才会认为接下来两个人的关系会"长势"良好。相反，如果初次约会就感到没有希望进行下去，即便他表现得很诚恳，甚至要你的电话，但他还是会终止继续约会。因此，女人如果有接受对方的诚意，就要对其做出积极回应，这样才能传达"我认为可以交往下去"的信息。如果你一直保持矜持，不给出任何暗示，就不能给你们的关系发展的机会。

当和你约会时，多数男人看似在认真倾听，实际上却在心里审视你，甚至开始判断你们之间是否会有结果。如果他觉得可以继续下去，并且认为你也有同样的感觉，那么就会在这次约会时或者几次约会之后考虑深化你们的关系。当然，一般来讲，当他们怀有某种和你进行亲密接触的企图时，会想办法先了解你，想办法先向你传达他的好感。他们当然知道，太过冒失，导致最后被赏耳光或泼酒就难看了。

在试探女人心意这一点上，很多男人都是高手。比如，看电影时，通过假装无意地轻轻触摸女方的手，或者膝盖靠近女方的膝盖等细微接触动作来试探女人的想法；在酒吧，通过肩与肩的触碰了解她的态度，这些都很常见。女人如果对此反感，男人就会判断出她目前还没有打算深入发展；反之，如果她并不回避，就代表她对自己的亲密行为并不拒绝。当确认可以进一步采取行动以后，男人就会延长约会时间，他会提议餐后活动，或者送女方回家。这些邀请或建议，多数都"醉翁之意不在酒"。

男人们约会前会将约会的场景在脑海中模拟很多遍。比如约会前的准备、怎么打招呼、在何处用餐、餐间聊些什么话题、如何进一步让对方接受自己，全都在考虑之中。加上不断设想约会是否会获得成功，结果，总让自己压力很大。而在约会期间，他们也会绞尽脑汁考虑很多问题，经常错过一些很重要的细节。就算女人已经进入谈话佳境，他们也常常浑然不觉。这种时候，那些观察入微的女人，很容易误解为男人对待约会不认真，但事实并非如此。

刚开始互有好感却又处于相互试探阶段的男女，双方都有很微妙的心理。如果亲密举动遭到拒绝，除了很少一部分男人会再找机会以外，绝大多数男人都不会再次相求，而会直接放弃。如果女人有与他相处下去的意愿，但被要求进行亲密接触时，自己尚未做好心理准备，也应该尽量讲清楚，以免因误会产生遗憾。

爱要有主张，不可盲目

爱与被爱都是幸福，主动的爱换来长久的幸福，而被爱的幸福则可能会随时消失。

一些女孩子认为：女孩子在爱情中应该矜持谨慎。匆匆而过的生活里，幸运的女孩可能会遇到愿意主动关心爱护她的人，而不幸运的女孩即使有人主动关爱，也会因为两人缺乏必要沟通，而疲惫不快乐地接受。确实，每个女孩都喜欢享受被爱的感觉，有的甚至认为只有被爱才是快乐和幸福的，但是"爱"是个主动词，不是被动词。只有将一方的积极主动变为两人的互动，浅爱才会变成深爱，双方才会体会到真正的爱情。所以说，爱情中要主动出击。

爱别人的时候，内心充满了爱意，即使因为对方受到挫折，都不会觉得苦，因为心中有爱。倘若付出的爱收到回报，便会欣喜若狂，幸福感更胜一筹。但这样的幸福感，在被爱的过程中是体味不到的，因为内心不曾付出。

有对情侣相约下班后一起吃饭、逛街，然而男孩公司的临时会议耽搁了他的约会，当他冒雨淋湿了一身赶到的时候，已经是一小时后了。虽然男孩不停地道歉，但女孩不依不饶满腹委屈地数落："都怪你迟到，让我等那么久，你知道我等得多难受、多难堪吗？别人都在开心地吃饭，我就只能拼命地喝水，还不时有服务员前来询问点菜……""你怎么不先吃呢？"男孩原本想要解释，却变得有点不耐烦。这顿晚餐自然以郁闷收场。

女孩在男孩冒雨前来之后，只是不断地向他诉苦、抱怨，却忽视了对淋了雨的男孩的关心。女孩只是等待男孩的爱而不是去爱男孩。被动等待爱情的人就像是一个"牵线木偶"，如果线的一头是一个疼爱你的人，那也许你就是幸福的，否则，再甜美的爱情也会变得索然无味。

爱情本是简单的幸福，是一种自发的感情和行为。爱本身是一种付出，在付出的感情中，寻求到快乐。感受幸福，只是被动接受爱情的人体会不到。所以人要学着主动去爱，并享受在此过程中所创造出的幸福，这样的爱情才会更加甜蜜。

被爱是一种享受过程。有了心爱之人的关心与爱护，不必担心风吹雨打，因为有人时时刻刻都在为你着想，让你沉浸在幸福的海洋中。这样的幸福来得太容易，但太容易获得的幸福便不觉得珍贵，也体会不到其中的甜蜜。

而去爱却恰恰相反。这种爱是一种主动创造的行为，付出的爱是自己意志的表达。在去爱的过程中，他会享受着自己创造的幸福。

只知道被动接受对方的付出，这样的感情即使能勉强维持，也不可能永久地保持着新鲜度和热度。

1. 爱情要有自己的主张

天下的父母都希望自己儿女好，不受苦。所以父母会插入你的感情，甚至对你的另一半指手画脚，提出诸多的要求。这时，在爱情中要有自己的主张，不要一味听取父母的意见。要知道以后的生活是你和他（她）一起度过，而不是和父母。只有明白自己需要什么样的爱情，明白自己的心思，才能找到属于自己的幸福。

当然，父母的意见可以作为你的参考，不能一意孤行坚持自己所谓的"爱情"。拥有正确的爱情主张，才是走向幸福的正确道路。

2. 爱不是一味付出

虽然爱情需要付出，但不是盲目的付出。如果你单方面的一味付出，总有一天，对方会觉得这些都是你应该做的，便不会珍惜你的付出，那爱情就会变得毫无意义。

在爱情里，每个人都有尊严，地位都是平等的。爱一个人并不代表要为他（她）付出所有，这样的爱情是不会幸福的，也不是真正的爱情。人不可能一辈子无私付出、不求回报，我们也许嘴上都会这样说，但时间一长总会疲惫。

3. 爱不能失去自我

爱情虽然能使人疯狂，也能使人痴迷，但无论是谁都要在爱情中保持自己的个性，更不能失去自我。情人眼里出西施，所以他（她）的缺点也就成了优点，但是"缺点"和"错误"是两个不同的概念。人人都有缺点，包括一些伟大的人物，只要是不违背人生观的缺点，都是可以接受的。而错误有时候则是对道德准则的背叛。

爱情需要情投意合而不是盲目服从。爱要建立在平等的基础上，如果不能互相尊重，爱情将难以长久，这就需要两人的互爱互敬。爱人首先要学会爱自己，所以我们在付出的时候要留几分给自己，爱人七分，留下三分爱自己。会爱自己才更会爱别人，从而获得别人的爱。

要学会保持适当的距离，抓住对方

我们常常说：距离产生美。 但是常常也会有人说："有了距离却没了美感。"解决这个问题的关键就在于你要把握好其中的度。 好似制陶工艺中一个度就会影响整个陶瓷的质量，爱情看不见摸不着，很容易掌握不了度，有的时候拿捏不当，就会导致爱情的死亡。 真正懂得爱的人，心里往往藏着一个度量衡，这是通过生活经验积累起来的。 适当的距离感，也就是我们说的朦胧感，在这个时候显得再美不过了。

通常来说，不成功的爱情都有三个阶段：

恋爱初期，双方都很注重自己的形象，对对方关怀备至；

恋爱中期，男女双方自身的缺点逐渐显现，逐渐希望对方尊重自己的意愿；

恋爱后期，分歧越来越明显，双方易起纷争与隔阂。

当初的恋人最后成为陌生人的原因，是爱情在原地踏步。爱情的更新需要人为的努力。 新总是与"陌生"联系在一起，相知相识便不能称之为新。 如果恋爱中的人天天生活在一起，每天重复着一样的生活，久而久之自然就会觉得疲乏，为一些生活小事难免发生争执。 同时，两个人慢慢地由熟悉而生厌倦，爱情也就变得十分脆弱。

中国有句古语叫作："穷则变，变则通，通则久。"这条法则同样适用于爱情。 保持爱情中的神秘感，不是弄虚作假，而是爱情保鲜的必要装束。

《开放的婚姻》一书中曾提到："在婚姻生活里，每个人都需要一些空间，不只是物理的空间——可以待在房间中沉思；还有心理的空间，心理的空间可以假想为一个人心理上的小房间。 人的成长需要有这样的空间，如果没有成长，即使感情最好的夫妇最后也会彼此厌倦。"普通人之间尚且需要空间，恋人间更应保持恰当的距离和适当的神秘感，这样会让爱情更加持久。

如何保持爱情的神秘感，来看下面的方法。

1. 说话学会留一半

恋人在约会时，特别是在袒露个人情感方面，应当有自己的保留。 如果过于实诚，禁不住对方的花言巧语，把自己所有的事情都告诉对方，这就犯了恋爱的大忌。 过去的情史不能毫无顾忌地讲出来，当对方太了解你的过去时，不仅会横挑鼻子竖挑眼，而且爱情也会太过直白而平淡无味。 聪明的人永远只说七成，留三成让对方揣摩与遐想。 留有余韵让对方捉摸不透，这是恋爱中的一个关键。

2. 变化才是硬道理

聪明的女人要像蒲松龄笔下的狐狸精一样总是在变，变才更能吸引男人的注意。

具体来说，就是要在恋人面前扮演不同的角色，要以不同的姿态出现在对方面前。 比如：作为妻子与爱人，温柔体贴，关怀备至；扮作女儿，让他哄，让他疼，给他一个有父亲的威严的机会；有时候做他的妹妹，需要他的保护来满足哥哥的豪情；有时候也得做他的母亲和姐姐，当他身心疲惫时，给他无微不至的关怀和独立的空间，给他独处的快乐；有时候也得做个情人，时不时浪漫一番，偶尔性感一回。

这样的变化可以维持爱情的新鲜感，也更能为生活增加一份浪漫，从而让彼此的爱情更加持久。

3. 独立是保持神秘感的重要方法

要保持神秘感首先要学会自立。当我们把性格、空间、人格都依附在恋人身上时，就不要指望会得到更多更好的爱情，这就失去了自我，失去了神秘，爱情就没有了原来的味道。

独立的经济是人格独立的前提，女性有独立的经济能力是非常重要的。同样的，对于男人，独立可以给另一半更多的安全感。

4. 距离不是疏远

异地相恋的两人有更多浪漫的机会。到周末，一个人奔袭到另一个的所在地，然后缠绵。距离的存在反而可以避免两人的矛盾。这样的爱情是浪漫的，也是很有美感的。所以，距离并不是疏远。也有两人近在咫尺却形同陌路，没有找到两条线的交叉点。但凡能懂得适当保持距离的人，手牵着手，走在一起，若即若离。距离的存在是一种艺术。因此适当的距离和保持神秘感是爱情中必不可少的新鲜剂。

5. 神秘不是虚伪

保持神秘感的目的是保持对方对自己的好奇心，而不是与对方产生隔阂与距离。神秘感能激发恋人们的猎奇心理，但最终需要有一个结果，并不是完全没有答案的迷茫猜疑。其实神秘感是一种气质，也是一种技巧，需要拿捏。甜蜜的爱情需要浪漫的元素，需要适当地卖关子和猜想，但紧接着必须要有明确的答案，需要两人能够开诚布公，如果一味神秘却没有分寸就会让对方失去信心，这就会显得虚伪了，反而因为消磨他人的耐心而引起反感之情。

6. 变化不是要小脾气

变化不是一天换三套衣服，更不是无缘无故地发脾气。变化的目的是为了保持彼此之间的新鲜感，并不是随意要小性子。偶尔撒娇，对方还会用包容的心态来哄你，但是时间久了，就会产生疲劳，等到忍无可忍之时，爱情也就已经消磨殆尽。相处中多一些包容，少一些无理取闹，爱情才会更加持久和甜美。

如何做个贴心男人

　　女人的反话和与生俱来的羞涩有颇大的关系。　女人是脆弱的，需要有人来疼爱。　而男人想要赢得女人的心就需要明白女人的话是真是假，把女人的反话正听，来读懂女人的内心，如果反话反听，当然会招惹更多麻烦。

　　女人往往喜欢说反话，这是女人的本性。　这种天性是专为女人制造的，因为女人都希望被她的男人哄着、疼着、呵护着。

　　与人交往时，女人通常会通过"反话"来掩饰自己的真实情感，探测别人的想法。　比如：有些爱逛街的女人，她可能会"无奈"地对丈夫说："本来我不想去逛街的，没啥意思，但她们一定要我去……"可要是做丈夫的没读懂弦外之音，说"不想去就别去了，我帮你告诉她们"，这种回答往往令妻子心生不快。

　　两人产生矛盾时，女人说"要你走"实际是希望你留下；女人如果气得说要和你分手，其实是想让你道个歉，说几句好话。　反话肯定不能被认为是她的真情流露，这时如果听不懂女人的弦外之音，真的听从女人的反话，将给两人的爱情蒙上阴影，结果是感情彻底灭亡了。

　　女人的话不能不信，但也不能全信。　女人多是话里有话。男人听懂了女人的潜台词，就是明白了女人的心思。　男人要是能读懂女人心，就能在赢得女人心的同时赢得一份完美的爱情。

男人常说"女人心，海底针"，似乎最琢磨不透的便是女人心。 其实，女人之所以有那么多口是心非的"潜台词"，并非有意要跟男人作对，而是对男人的依恋以及缺乏安全感的表现。

男人如果想要拥有甜蜜完美的爱情，就要懂得女人心。 这不仅需要用耳朵倾听，还要用眼睛和心去真正了解女人的意思。

1. 生气有时只是一种撒娇

在男人看来，女人的心情说变就变，常常弄得男人莫名其妙、手忙脚乱。 其实女人天大的委屈是：最初的生气常常并不是真的"生气"，只是对男人的一种撒娇方式。 而太过实在的男人们却并不明白女人的心理，只是以为她说的就一定是她要的，结果往往弄巧成拙、弄假成真——女人在极度的委屈和失望中便开始真正地大发脾气。

其实，判断女人是否真生气还是有方法的。 男人只要看女人的表情和听女人的语气，就可以得出结论。 如果女人是"面带娇嗔"或是"语气明快"，便是希望男人能给予关爱。

事实上，女性常用"间接攻击"的方法来应对冲突——通过抱怨或者指责，来渴求你更多的关注和爱护。

2. 说分手也有真假

当爱情在女人的心中真正结束的时候，她会通过全身心的表现来告诉你：对不起，不要再来纠缠我。 她的眼神流露出坚定，她的身体也会跟你保持距离，她总是尽力不再跟你见面，就算是见了面也无话可说。 这样说出的"分手"，不仅是真的，也是无可挽回的。

但是，也有女人挂在嘴边的"分手"，其实不过是想要"敲山震虎"，想要让你对她的感受足够重视。这时候的女人，无论是话语还是手势都在告诉你：她其实很无助。

想要了解女人是否真的和你分手也不难。当她表情平静、眼神坚定地说分手，这就代表她真的对你失望了，即使你再挽回也没有用了。相反地，如果她情绪激动，眼神飘忽，这就代表她很无助。你若给予她及时的疼爱，不仅能抚平她的情绪，更能唤回她的真心。

3. 口是心非的潜台词

女人喜欢用语言来试探男人的心，所以常常容易口是心非，这也就出现了"潜台词"。女人使用潜台词，主要是希望男人能够多关心与爱护自己。

所以，男人要切记：跟你所爱的女人对话，不要听内容，要听感受。听内容的时候，你会过于关注事情本身的是非对错；而听懂她的感受并且积极主动地关心她，才能清楚地沟通两人的感受，享受爱情的甜蜜。

1. 甜言蜜语是爱情的润滑剂

相爱的两个人需要通过约会、亲密接触等活动来促进感情。而在日常的接触中，男人除了物质的付出，更要有语言的付出。这时候甜言蜜语便充当了爱情的润滑剂。

女人大多是感性的，她需要你称赞她漂亮，需要你表达她对你的重要性。爱情中的女人往往都是小心眼，容易犯疑心病，有着强烈的虚荣心，你言语上对她付出的肯定是让她继续爱你的动力。 所以，别小看甜言蜜语的力量，它甚至胜过行动的力量。 有了甜言蜜语做润滑剂，爱情跑车才会更持久。

2. 在细节中体现体贴

爱在平凡中往往显得更加珍贵，真爱是显现在生活细节中的。 在爱的世界里，不是所有的感动都来自于轰轰烈烈，在平凡的生活中，小细节更能传递一份爱心。 温柔地为她擦去眼角的泪，并告诉她："不哭，一切有我。"在天气变化时能及时给她一个小提醒："天气凉了，记得多穿些衣服。"这些小事看似毫不起眼，但是对她来说，却更能体现出你的体贴和疼爱。

信任是加固爱情的纽带

深爱一个人时不但要欣赏对方的优点，更要包容对方的缺点，宽容对待对方的过去，不耿耿于怀，不做伤害彼此感情的事情。要做到这些十分不容易。

在爱情和婚姻中，大家都希望伴侣恪守忠诚、白头偕老、永不变心。然而这只是一种美好的愿望，若要实现愿望就要不断努力付出，但努力的结果往往并不完全像我们所期望的那样，都是一个圆满的结局。有这样一句话："爱情不是永恒，它只是一个最需要人来呵护的婴儿。而猜疑则是专门谋杀爱情的凶手，若任由它侵入你的心灵，爱情注定无处逃生。"爱情不是单纯的真爱，爱除了真爱还有信任，如果它们其中有一个不在你的心中，这份感情就会很快走到尽头。

信任是爱情的基础，没了信任的爱情就像没有地基的大楼，摇摇欲坠。有这样一句话："见一封信，就疑心是情书；听到笑声，就以为春心荡漾；只要男人来访，就是情夫；为什么上公园呢？总是密约。"这都是无端的猜忌，是对爱情的损伤，有时更是对彼此心灵的伤害。

在莎士比亚的名著《奥赛罗》中便提到了这样的悲剧。国王的女儿苔丝德蒙娜冲破家庭和社会的阻力，与出生低贱、长相黝黑的奥赛罗将军成婚，婚后的生活十分美满。然而，奥赛罗部下的一个军官尼亚古，出于卑鄙自私的目的，造谣破坏奥赛罗的婚姻。奥赛罗对忠诚纯洁的妻子产生了猜疑之心，在一个漆黑的夜晚竟谋害了自己的妻子。后来奥赛罗知道了事情的真相，追悔莫及，自刎于妻子的脚下。

这是一个悲剧，但不仅出现在书中，而且在现实生活中也常常有着相同的悲剧发生。所谓"疑来爱则去"就深刻地揭示了猜疑的危害，这样的悲剧也必将给我们留下深刻的教训。

爱情需要彼此信任。信任增进了双方的感情，也只有充分信任对方，你才能充分接纳他（她），从而更好地了解并理解他（她）的决定。信任可以证明你们的爱情，爱他（她）就要信任他（她），不要捕风捉影，不要疑神疑鬼。记住：信任是爱情最好的试金石。

古往今来，爱情中的信任也引发文人的无限探讨，有"夏雨雪，天地合，乃敢与君绝"的千古绝唱，更有"两情若是长久时，又岂在朝朝暮暮"的情意绵长。这显示了信任在爱情中举足轻重的地位。既然信任对于爱情如此重要，那么爱人之间要如何做到彼此信任呢？无须头疼，只要掌握其中的方法，甜美的爱情自然始终伴随在你身边。

1. 爱需要彼此尊重

真正的爱除了心灵相通，还需要对爱人的尊重。即使处在爱情中，你也要懂得，每个人都是自己生命的主人，每个人都有活在这个世上的必要性。

如果爱情里出现了蔑视与谩骂，那么即使再疯狂的爱情，也没什么值得去留恋。在人的一生里，你可以没有震撼人心的爱情，可必须要保证自己的尊严。没有爱，最多只是在自己生命里多了一份遗憾，而因为爱而失去自尊则是对自己永远的伤害。

所以，爱的世界里需要的是互敬互爱。只有彼此尊重才能增进了解，而彼此了解才能增加信任。

2. 少些抱怨，多些理解

人无完人，那我们又怎能去要求别人一定要完美呢？ 在生活中，经常听到这样一些声音："我男朋友特小气，什么都不愿意给我买"或"我真是烦死我那个有小姐脾气的女朋友了"。 这些小的抱怨，轻则引起双方的矛盾，重则会危及双方的感情。

这时便需要双方的相互体谅，要能够换个思路想问题。 比如：小气有时就是节俭，要小脾气有时就是一种撒娇。 让对方感受到你对他（她）的理解，对方也自然会回报你一份信任。

3. 时常站在对方的角度上想问题

很多时候，不信任就会导致自己胡思乱想，怕自己受到伤害，怕对方做出对不起自己的事情等。 对于这样的猜忌，最好的解决方法便是从对方的角度来考虑问题。

其实，有时候事情很简单。 比如他晚归且没有接你的电话，很可能只是因为加班，而手机刚好没电了；她打电话的时候想方设法避开你，很可能是因为和闺蜜聊天，不方便让你听电话。

相爱的人相处在一起，多替对方想，不仅可以避免猜忌，而且还能赢得对方的信赖。

不要盘问太多，也不要猜测太多，请自然而坦荡地相爱。 否则，天天猜疑的爱情实在太累，不如趁早放手。 因此，在爱情中添加一份信任能使爱情更牢固。

4. 不能时刻约束对方

因为彼此相爱或重视，有些人常常会对对方的行为加以约束。 但是有时约束会加速爱情的解体，因为约束也是一种不信任。

古人云："人之相知，贵在知心。" 若把另一半看作自己的私有物品，干涉对方的社交活动和限制对方的行动，是十分愚蠢的举动。 所谓"物极必反"，管得太多就会造成相反的效果。 对方不仅不认为这是爱的表现，还会认为你疑心太重，对自己不信任。 你整日疑神疑鬼，对方也整日提防你，这样的爱会累死人，因为没有可以放松的时间。

爱是相知、相识而非相互束缚。 面对爱情，其实管住对方最好的方法就是不管，只有通过真心付出、彼此关心，才会牢牢抓住对方，赢得甜蜜的爱情。

5. 真诚是信任的前提

信任是爱情的基础，而信任的前提就是真诚。 如果失去了真诚，那么信任就会成为空中楼阁。 爱情不能失去真诚，失去了真诚便会带来伤害。

伴侣间需要的是真正的信任。 无端的隐瞒与猜忌只会伤害对方，使双方关系恶化，感情破裂。 真诚和信任是夫妻间幸福美满的桥梁，它会将感情上升到一个新的境界，也会加固爱情。

温柔是女人赢得男人的撒手锏

女人可以不潇洒、不聪慧、不干练、不可爱、不妖媚，但绝对不能少了温柔。 温柔是多数男人所缺少的特质，却是女人作为母亲和妻子所必需的气质。

温柔是女人的一种特殊魅力，男人往往也更钟爱温柔的女人。 这样的女人像是绵绵细雨，给男人一种温暖柔美的感觉，也常常让男人心旷神怡，无限回味。 所以，女人要想紧紧抓住男人的心，温柔就是致命的杀伤武器。

受电视媒体的影响，一些温柔女性在看了《野蛮女友》等影视作品之后，便放弃了温柔。 随着时代的发展，很多女性以野蛮为荣，这令很多男人消受不起。 其实，不管时代如何变迁，男人们从骨子里都喜欢温柔可人的女人。 而女人不分场合的暴力、粗鲁，只会让男人感到失望。

随着时代的进步，很多女人通过暴力、粗鲁来驾驭自己的另一半，以表明自己的领导地位。 花拳绣腿虽然不是真正的暴力，但却刺痛了男人的内心世界。 王晓雪就是这样的一个野蛮老婆。

王晓雪和王哲是一对新婚夫妻。王哲有着好脾气，也很关爱他的妻子。王晓雪由于性格任性又抱有"打是爱骂是亲，是婚姻内的一种'有氧体操'"的观念，所以，经常对王哲施加暴力，而王哲出于对妻子的宽容，打不还手，骂不还口，微微一笑，照单全收。但是随着时间的推移，王哲实在是受不了王晓雪的行为。自己在外面辛苦工作了一天，回到家里，不仅不能享受到妻子的关心与温柔，还要受妻子的气，这让王哲疲惫不堪。

终于有一次，王哲忍无可忍，彻底爆发了。原因是王晓雪居然当着朋友的面打他的屁股，这令王哲非常难堪，并耿耿于怀。从那次开始王哲越来越讨厌他老婆，最后两人矛盾升级，走上了离婚的道路。

男人都是好面子的，这也是他们自尊心强的表现。 男人最无法忍受的就是自尊受到伤害。 王晓雪的行为就伤及了王哲的自尊，脾气再好的人也不能够忍受这样的老婆，最后王晓雪的野蛮不仅没能赢得老公的心，还赔上了自己的幸福婚姻。

温柔的女人能把浪漫变为温暖，把男人融化掉。 而当男人被女人这种温柔彻底消融时，女人才算是真正走进了男人的内心世界。 令男人爱上你的也许是个性，而让男人把心交给你的，却是你的温柔。

"温柔"应该是女人的代名词，也是女人不同于男人的地方。 天生温柔当然值得珍惜，后天的修炼同样也能让女人变得非常温柔。 作为女人，你需要有着良好的心态来不断重塑自己的性格，改变脾气。 通过一些技巧和手段，你完全可以做个女人味十足的温柔女人。

1. 通情达理的女人最温柔

通情达理就是说话、做事要讲道理。 作为女人，要谦让得体，多替对方着想，而且绝不能让男人在外人面前难堪。 在公共场所或人多的地方，可以使自己变得乖巧听话，这是对自己男人最好的恭维。 用温柔把男人的"面子""里子"都给足，从而赢得男人的心，这才是赢得爱情的上上策。

2. 同情心为你的温柔加分

一个富有同情心的女人能够体谅男人的辛苦，这种体谅能让你将温柔从骨子里流露出来。 要让男人感受到他被女人的这种温柔包围着，给他一种爱的温暖，这种爱包含着宽容、理解和给予。 这样温柔的女性怎么能不打动男人的心呢?

3. 善良是温柔的基础

善良的女人才可以宽恕犯了错的男人。 当男人言行举止不太得体，或对女人有冒犯，或是女人遭到男人误会时，宽容地对待男人，如此的温柔对男人是一种不能抵挡的诱惑。

4. 细节之中尽显温柔

在感情世界中，真正让男人感动的，不是有着突出成就的女人，而是女人那些适时的细心关怀和体贴。 轻声细语的问候，情深意切的关心，细心周到的照料……任何细节都能传递你对男人的关怀。 细节之中的温柔，让男人时时感受到你的贴心。 这对男人不仅是诱惑，更是一种致命武器。

5. 柔和的性格让你以柔克刚

女人性格要柔和，绝对不能有事没事就大发脾气。 首先，女人要了解，男人都是大男子主义的动物，只是有些表现多而有些表现少，要懂得以退为进的道理。 男人往往是逞一时英雄，因此，不必为他的只言片语大动肝火，要知道退一步海阔天空。 面对有了错误的男人，需要用温柔来引导他自己去发现错误，他才口服心服，从而实现以柔克刚。

6. 温柔要自然流露

温柔不是娇滴滴、嗲声嗲气。发嗲是虚伪做作，温柔则是真性情，是骨子里生长出来的本能的东西。温柔有着深刻的内涵，而不是生硬地表演出来的，是生命本体的一种自然散发。自然流露出来的温柔是无处不在的，一笑一颦尽显温柔，这种温柔才是男人无法抗拒的。

7. 不要让温柔束缚了你

女人温柔全无，不行；但一味地温柔，也不可取。温柔需要把握好度。

回到家中，有女人的问候语、热茶，在这个时候，温柔的定义仅仅限于一句微笑的话语："今天辛苦啦！"以及一个甜蜜的拥抱。可如果随时随地保持温柔，对疲惫的男人没完没了地软言细语，如此温柔的结果，只会让男人觉得更累。始终想着男人的女人，也会束缚自己的生活，累人累己，温柔便成了感情的绊脚石。

8. 温柔不是软弱

女人，你可以温柔，可以选择听男人的话，但不可以没有自己的主见而软弱无能。女人的温柔不是软弱，不是言听计从或委曲求全。

女人可以对男人好，可以温柔，可以听他的，因为你爱他，但不能软弱。温柔是抓住男人心的法宝，但软弱则是女人必须要克服的缺点。

有责任感的男人才是好男人

有责任感的男人，可以给家庭带来安全感；而男人如果没有责任感，则是家庭矛盾的制造者。有钱的男人固然好，但是，如果仅仅有钱而没责任，钱也不能换来幸福的婚姻。相反，就算有责任感的男人暂时没钱，也会因为有责任感而为家庭创造财富。

男人没有理由拒绝责任心，失去责任心的男人，不仅失去了一片天，甚至失去了一个多彩的世界。男人的责任心不仅体现在工作上，更表现在生活中。

有责任心的男人是成熟、稳健、值得依赖的。男人即使不够有钱，但一定要有善良勇敢的品质，敢于面对任何变故，有主见有分寸；他可以不浪漫，但会在心爱的人哭泣时拥她入怀；他可以不强壮，但要敢作敢当。古今中外，身为男人，大多都承担着养家糊口的责任。如果一个男人对拥有的爱情没有责任感，这爱情便毫无存在价值，即使形式上存在，实质上也早就消亡了。

一个女孩就遭遇了一个这样的男孩。两人最开始相识于网络，男孩一味地诉说自己悲惨的处境，一再表明他想成就一番伟业，却为资金问题发愁。女孩很理解、很同情他。后来两人约会见面，女孩发现男孩相貌出众，有勇有谋，女孩认为男孩将来势必出人头地。之后，女孩爱上了男孩并开始对他付出。男孩子没钱成立自己的

公司，女孩出于爱，答应帮助他。再然后，只要是男孩需要的东西，女孩就通过网络买了再送给男孩，而男孩也不考虑女孩家境，只是安心接受。女孩虽然对男孩的做法不满，但是出于爱，仍坚持帮助男孩。

最后，男孩的公司需要几万元的启动资金，女孩甚至借钱来为他筹资。当女孩走到银行即将汇款时，却犹豫了，于是转身回到家中。女孩在网上试着问男孩，如果不借给他钱，会有什么后果，没想到男孩却十分生气地说："要是你没这条件，当初为什么答应帮助？既然答应了，你为什么不能做到？"他将责任全部归于女孩！女孩这才意识到，原来男孩一直在骗自己。随后女孩果断和这个男孩断开，但是之前的付出和损失已经再也找不回来了。

这样没有责任感的男孩，即使建立自己的事业，也不会有所作为。当他只是一味地向女孩索取，却并未对女孩承担起一份关怀的责任时，他注定得到失败的结局。没有责任感的男人不仅不能有所成就，而且不值得女孩真心付出。这也是女人们应该擦亮眼睛看清的事实。

在爱情的世界里，男人就像一棵大树，为女人遮阳避雨；男人是一座房子的大梁，是女人心中的主心骨；男人的肩膀要承担女人的伤痛；而男人胸怀是女人温暖的依靠。这样的男人才是真正的男人，也才是女人需要的男人。

好男人必须要有责任感，敢作敢当、有勇有谋。在女人受伤时，男人要承担起该承担的责任，这是对女人心灵的慰

女人为男人付出是因为爱，而男人回报给女人的不能仅仅是爱，还应该有应该承担的责任。

一般来说，男人的责任主要体现在以下几个方面：

1. 孝顺父母

一个有责任感的男人一定深知父母的含辛茹苦，并且知道要通过自己的努力来孝敬父母。孝敬父母并为父母付出的男人才是值得信任的。

在现代社会一些男人靠父母老本讨好女友、获取工作，然后又埋怨父母的种种不是。这样的男人，怎么能算是男人？记住，真正的男子汉是自己打出一片天，会通过自己坚实的双腿踏平宽阔大道，会靠自己的努力感恩家人。如果连自己的父母都不疼爱，那对自己的爱人也不可能有真情。

2. 敢于承认自己的错误

有责任感的男人，一定要直面自己的过错并吸取教训，从头再来。如果将自己的所有错误都归罪于没有机会、境遇不好等客观条件，而不是从内反省自己的错误、寻找自己的原因，那这个男人一定是没有责任感的人。

一个不敢承认自己错误的男人，在相处中容易引发矛盾，如果男人首先想到的不是承担责任而是推卸责任，这样的生活更如何谈得上幸福？

3. 责任更是一种行动

有责任感的男人，会将责任付诸行动。他们不会仅仅口头上说我要承担责任，而是通过行动去担起自己的担子。当女人受委屈时，他们一定会挺身而出为女人打抱不平；当女人受到伤害时，他们会最快地赶到女人身边小心看护。负责任的男人不是仅仅会说，而是更多地将责任化成一种行动，这样的好男人让女人放心，也是女人可以托付一生的。

4. 正确客观地认识自己

有责任感的男人从不自卑，也不自负。一个有责任感的男人，要做到正确认识自己的能力和现状。在认识自己的基础上把握好自己，并且合理应用自己的长处，规避自己的短处，这是一个男人有担当、有责任的表现。

5. 对自己负责

男人要有责任感，不仅表现在对别人负责，更要自我负责。这一点可能有人会觉得不可思议，但其实道理很简单。

我们自己所付出的努力自己心里清楚，别人很难进行评定。对自己有责任感，就要尽自己的努力，不浪费生命、不随波逐流、不做违背良心的事情，使自己的生活过得充实圆满。

对自己负责任，也是对家庭、社会负责任的体现。这是一个最高的层次，是需要战胜自我才能达到的一种境界。对于一般人没有这么高的要求，但作为努力的方向，是应该提出来的。